LUCKY PEACH 福桃

早餐

[美] 大卫 · 张（David Chang） 应德刚（Chris Ying）
彼得 · 米汉（Peter Meehan）等 著／金玲 译

中信出版集团 | 北京

图书在版编目（CIP）数据

福桃 . 早餐 /（美）大卫 · 张等著 ; 金玲译 . -- 北
京 : 中信出版社 , 2019.10

书名原文 : Lucky Peach:Breakfast

ISBN 978-7-5086-9570-9

Ⅰ . ①福… Ⅱ . ①大… ②金… Ⅲ . ①饮食—文化—
世界 Ⅳ . ① **TS971.2**

中国版本图书馆 **CIP** 数据核字 (2018) 第 228022 号

福桃 早餐

著　　者：[美]大卫·张　应德刚　彼得·米汉　等
译　　者：金玲
出版发行：中信出版集团股份有限公司
（北京市朝阳区惠新东街甲4号富盛大厦2座　邮编　100029）
承 印 者：北京华联印刷有限公司

开　　本：880mm×1230mm　1/16　　印　　张：8　　字　　数：185千字
版　　次：2019年10月第1版　　印　　次：2019年10月第1次印刷
京权图字：01-2016-9084　　广告经营许可证：京朝工商广字第8087号
书　　号：ISBN 978-7-5086-9570-9
定　　价：58.00元

LUCKY PEACH 福桃

早餐

LUCKY PEACH
福桃

食谱

方太智能蒸箱

蒸汽够大 温度够高 为家人蒸出健康美味

中式蒸箱创新者*

*发明专利ZL2012103270

卷首语

主编的话

李 舒

自从我得了胆结石，之前几乎消失的早餐便成了紧箍咒——哪怕睡得再晚，也要起来吃早餐，为了那个紧箍咒一样的小石子不要继续变大。

父母那一辈的早饭，最常见是隔夜饭加水煮一煮，切点青菜进去就是菜泡饭，单纯的泡饭可以配扬州酱菜，倘若连做泡饭的时间也没有，便只好上班路上买只葱油饼或者包子。总而言之，图的是一个方便、快捷、顶饱。

只有到了周末，全家慢腾腾、笃悠悠地起床，然后去家门口的汤包店，吃一笼汤包加一客泡泡小馄饨，是难得的奢侈。

在家吃早饭，吃的是安心；出差在外，早饭便有了猎奇的色彩。陌生的城市和陌生的风景，那热气氤氲的早点摊却是相似的，散发着让人兴奋的香味，勾引着你走向前。难忘常德街头的那碗颜色鲜艳、味道浓郁的牛肉米粉，梦里也会想念的是蒙自早市上的紫米鸡肉过桥。还有在悉尼偶然发现的广式早茶店，一份怀山鸡脚汤连我的香港同事都叹为观止……

只有一样早饭，至今想起来，依然是难以忘怀，满怀敬意的。然而，并不想吃第二碗。

那是在太原，为了写一篇傅青主的文章。

傅青主，就是傅山。到了太原，怎么能不尝一尝傅山发明的“清和元头脑”呢？

“头脑”又名“八珍汤”，是由黄芪、煨面、莲菜、羊肉、长山药、黄酒、酒糟、羊尾油配制而成，外加腌韭菜做引子。王仁兴先生在《中国饮食谈古》中引山西民间传说介绍：“在傅山的建议下，这家饭馆起字号为‘清和元’，八珍汤则易名‘头脑’。每逢傅山给体弱需要滋补的人看病，便告诉他们去‘吃清和元的头脑’。”“清”和“元”的言外之意，不言而喻。这样一碗听起来既能强身又能健体的早饭，我可不想错过。

当地朋友说，要吃头脑，需要起早。据说，早年太原人天不亮就起来吃头脑，所以当地有俗语称为“赶头脑”，因为太早，经营头脑的餐馆门前都挂一盏灯笼作为标志。

于是，寒冬腊月里，爱睡懒觉如我，也凛然从被窝里爬起来，睡眼惺忪跟着朋友去吃当地最正宗的头脑。

端上来的一瞬间，我彻底蒙了。一碗半稠的汤糊里，若隐若现的是三大块肥羊肉，一点藕和山药。喝下去一口，一股浓重的酒味，强撑着咽下去，渐渐漾上来的是药味，一点也不夸张，只要一口，就足够把我吓醒。虽然朋友一再提醒我“慢慢会喝出食材的甜味”，但真的，抱歉，这碗没有放盐的酒味羊肉补药，我实在是喝不下去了。若是能穿越回去，面见傅青主，我一定要告诉他，要“反清复明”，只需要告诉大家，从了清朝皇帝，只能顿顿喝“头脑”。

这碗没头脑的头脑汤，我实在没有勇气，再喝第二碗了。

福桃地图集

在这一辑里，伦敦人热爱的 Rochelle Canteen餐厅主厨**玛格特· 亨德森**（Margot Henderson）带我们去了南伦敦的一家美食酒吧，她和家人常在那里消遣放松。**凯伦· 泰勒**（Karen Taylor）是加州索诺马 El Molino Central餐厅的主厨，她的碱法[1]魔法让这座餐厅成为当地的必去之处，她向我们推荐了几家她的导师戴安娜· 肯尼迪（Diana Kennedy）推崇的餐馆。

插图：格蕾丝 · 李（Grace Lee）

Canton Arms，英国伦敦

地址：177 South Lambeth Road, London SW8 1XP
电话：+44 20 7582 8710

我非常喜欢 Canton Arms 餐厅。 它的地理位置有些偏远，位于南伦敦，我最近刚搬到那附近。这家餐厅提供那些你常想在家里亲手烹制但总没有时间去做的食物——非常优雅、美丽的食物。

我最喜欢过去点上一大盘当日特色菜。他们有很多炖菜，比如炖全鸡，或者“五人份”的炖羊肩肉。这种菜一般价格公道，只要 74 英镑。菜单差不多每天更换。

我必须指出的是，Canton Arms 是一家酒吧，而我其实不太喜欢酒吧。我不是那种爱泡吧的人。我讨厌啤酒。比起必须自己跑到吧台去点菜，我更喜欢有人招待我——我爱泡餐馆！但是 Canton Arms 里面有一块用餐区。

我喜欢带全家来这里吃饭——有些地方非常适合让人把注意力集中在家人身上。在家里，你仍可以随时拿出手机。但去餐馆吃饭则有一点好处：你必须等食物上桌，所以全家都在那里，一起等着。

——玛格特 · 亨德森

分类：避风港
推荐菜：大分量的当日特色菜

El Cardenal，墨西哥墨西哥城

地址：Calle Palma, 23, 06000, Mexico City, Mexico

El Cardenal 餐厅是这样一个地方：他们的菜单里有上百万道菜， 另外还有上百万道当日特色菜，但每一道菜都

1 译者注：碱法原文为“Nixtamalization”，是一种制作玉米面团的方法，通常用来制作墨西哥薄饼、玉米馅饼等拉丁美洲食物。

2 译者注：“Pulque”龙舌兰酒以龙舌兰草的芯为原料，经过发酵而成，由于没有经过蒸馏处理，酒精浓度不高。

3 译者注：墨西哥粽即“Tamale”，一种墨西哥及中美洲传统食品，由玉米壳或香蕉叶包裹面团蒸制而成，面团里可以包各种馅料，比如肉、奶酪、水果、蔬菜、辣椒等。

由同一种方式烹调而成，绝不会出任何差错。

这家店没什么创新——我感觉你就算在那里工作一辈子都不会有太多长进。他们既卖西班牙占领前的墨西哥菜，又卖 20 世纪 50 年代的菜肴——很多人会觉得这种做法是错误的。他们有一道用面条、牛油果和奶酪烧成的豆子汤，上菜时还搭配绿萨尔萨酱（salsa）、墨西哥薄饼（tortillas）或者玉米片。你可以在那里点到一大勺米饭配墨西哥酱。他们拿苏打饼干搭配墨西哥风味番茄海鲜什锦（seafood cocteles）。

但如果你想知道各种食物的正宗做法，比如墨西哥烤肉（barbacoa），你必须得去 El Cardenal。他们才不会开发出自己版本的烤肉，或者在上面乱加一通萨尔萨酱。墨西哥烤肉只能搭配一种酱料，而你在那里便会吃到：那是一种深色的由“pulque”龙舌兰酒[2]制成的帕西拉辣椒酱（Pasilla）——典型的墨西哥城郊区做法。

El Cardenal 还以长时间提供早餐闻名。因为餐馆在市中心，所以那里工作日一般长时间提供商务早餐。星期日你会看见很多家庭聚餐，可能要等很久才能坐进去。如果我起得够早，我通常会去那里吃早餐。所有人都是为了去吃“escamoles”——从龙舌兰草根部提取的蚂蚁卵，在早餐期间，你可以用墨西哥玉米薄饼包着它吃。他们家的糕点非常好吃，果蔬汁也很棒，特别是西芹汁和菠萝汁。他们还会拿仙人掌榨汁，非常好喝，完全没有黏乎乎的感觉。

——凯伦·泰勒

分类：时光隧道
推荐菜：墨西哥烤肉，煎酿奶酪（queso tapado），蚂蚁卵，墨西哥薄饼包肉配绿萨尔萨酱汤和奶酪（gorditas hidalguenses），果蔬汁

El Bajío，墨西哥墨西哥城

地址：Avenida Cuitláhuac 2709, 02840 Mexico City, Mexico

如果你在戴安娜·肯尼迪的家乡墨西哥米却肯州（Michoacán）上她的烹饪课，她一定会经常带你去 El Bajío 餐厅。他们现在有很多家分店，不过她会带你去位于墨西哥城阿斯卡帕萨科区（Azcapotzalco）的总店。

墨西哥菜分工明确。墨西哥塔可卷饼店（Taqueros）通常是男人的天下，他们在乡下挖个地洞开始烤肉——那是男人的活儿。但凡涉及马萨玉米面团和慢火烹调的菜肴——比如做墨西哥薄饼、墨西哥粽[3]、炖肉、酱汁，那都是女人的活儿。在墨西哥，更多时候是女人待在厨房里。

El Bajío 的老板娘叫卡门·“提提塔”·拉米瑞兹·德迪哥拉多（Carmen “Titítad” Ramirez Degollado）。她非常出名——西班牙名厨费兰·阿德里亚（Ferran Adrià）说 El Bajío 是全世界最棒的墨西哥餐厅。许多女人在这里工作，包括提提塔的女儿。那里的厨师一直以来都没有换过。可是在她的食谱里有一张男厨师的照片，他戴着一顶高高的厨师帽。我问她那是怎么回事儿，她说：“我也不知道那家伙是怎么混进来的。”这也太搞笑了，因为那毕竟是她自己的书！

提提塔来自墨西哥南部的港口城市维拉克鲁兹（Veracruz），所以她有一道配有橄榄的绿色青柠汁腌鱼（ceviche），这道菜非常可口，但在别处不太常见。我喜欢她做墨西哥厚玉米饼（gorditas）的方式——在被切开加上佐料以前，这饼看起来像冰球。如果你想吃“huauzontle”，去 El Bajío 就对了：“huauzontle”是一种绿叶菜，他们把它漂白，再把奶酪裹在里面，浸泡在类似酱爆奶酪辣椒（chiles rellenos）的酱汁里就可以上桌了。

——凯伦·泰勒

分类：名厨名店
特色菜：墨西哥厚玉米饼（gorditas），“huauzontle”，黑色辣椒汁，绿色青柠汁腌鱼（ceviche）

鸡蛋价格大解析

文字：蕾切尔·孔（Rachel Khong）
摄影：玛伦·卡鲁索（Maren Caruso）

哪怕是昂贵的鸡蛋，也物超所值得惊人！这些坚硬结实的圆卵，一被挤出动物的身体就立刻一打打提供给我们。鸡蛋是完美的，它含有人体必需的所有维生素和矿物质，包括维生素B12、B2、A、B5，还有硒和叶酸，以及其他很多很多元素。鸡蛋就是奇迹！如果拿一斤鸡蛋和一斤任何其他食物的蛋白质比较，鸡蛋便宜得就像偷来的一样。

一打零售商品牌的A级鸡蛋在旧金山的塞夫韦（Safeway）超市卖4.99美元。一打加州佩塔卢马镇（Petaluma）红山农场（RedHill Farms）产的走地鸡（pasture-raised）鸡蛋在专营有机食品的全食超市（Whole Foods）卖9.49美元。

这其中的区别很明显：红山农场的鸡蛋蛋壳颜色柔和且各不相同，蛋黄显橙色，几乎和橙子一样鲜艳。美国农业部并没有明文规定什么是走地鸡，但对于这些鸡蛋来说，这意味着母鸡可以随意在牧场游走，吃地里的虫子和青草。这比散养鸡（free range）的要求更严格。美国农业部对散养鸡的定义过于宽泛，指的是“可以接触到户外”的禽类。但是为什么走地鸡蛋卖得那么贵？

空间

唐·吉拉迪（Don Gilardi）是红山农场的主人，农场最初只是他们家

关于鸡蛋的六个事实：

如果蛋白浑浊，则意味着鸡蛋很新鲜。蛋白越清澈，鸡蛋越不新鲜。

鸡年纪越大，下的蛋越大。

四代经营的一间小农舍。他说："我们家的鸡蛋是店里卖得最贵的，就是因为那个。"他指着几个 8 英尺[1]×8 英尺大的带轮子的拖车说道，他就是靠这些拖车把鸡群带到牧场各地。他的牧场有 80.5 英亩[2]那么大，一眼望去都是青草。（"散养鸡"应该接触多少户外空间并没有明确标准，只要能接触到"户外空间"就行，不管面积多大。有一些"散养鸡"只能得到 2 平方英尺的空间。）"我尝试保持地里一半草地一半泥地，这样这些鸡能同时获得这两种地的精华。它们可以享受尘土"——鸡喜欢沐浴在尘土里，"也可以尽情在草地里觅食。有些人声称他们的鸡不生长在笼子里，但是它们可以走动的空间只有一丁点儿大。而这儿才是这些母鸡想要的。"

鸡种

吉拉迪不孵化自己的鸡；他购买一种叫博万斯（Bovans）的产蛋鸡，一天大的博万斯鸡售价大约 2.5 美元一只。通常产蛋鸡直到 16 周或者 17 周大才开始下蛋，把它们养大到能产蛋要花很多钱。

饲料

除了在牧场里找吃的，红山农场的鸡还吃一种有机饲料，里面有玉米、小麦、大豆，这比传统饲料要贵。

低效率

"笼子里的鸡把所有精力都花在产蛋上，"吉拉迪解释道，"它们的精力都集中在那蛋上，而不是在外面散步。"工业饲养的鸡平均一年下 300 颗蛋，吉拉迪的鸡一年大约少下 80 颗。同时，吉拉迪还要与各种猎食动物斗争。"大家都喜欢吃鸡。狐狸、雕、鹰、浣熊、土狼。"

劳力

吉拉迪的员工把鸡运到牧场的不同区域，并且亲手"收割"鸡蛋。"收割"这个词用在这里非常恰当：这些鸡蛋必须从移动单元里的鸡窝中取出来。（对比在商业养殖场里，鸡被囚禁在笼子之中，蛋一下出就直接被传送带运走。）"收割"之后，鸡蛋每隔一天就会被送到附近的一个中心打包进纸盒。一周一次，红山农场的鸡蛋从那里出发，被运到加州湾区的各个市场。

在美国，95% 的产蛋鸡是在层架式鸡笼里长大的，一只笼子通常能装四到十只鸡。每只母鸡的活动范围不超过一张普通打印纸大小。

传统鸡笼下方都装有一系列传送带：包括粪便传送带、饲料传送带、鸡蛋传送带。笼子的地板略微倾斜，以便鸡蛋下出后滚到传送带上。

"散养鸡"其实还是共享一只巨大、拥挤的鸡笼，空气质量也不高。在一项长达三年的研究里，有 12% 的散养鸡死去。（相比之下，笼养鸡的死亡率只有 5%。）

在新英格兰地区，棕色鸡蛋更受欢迎，但在美国其他地区，白色鸡蛋则更受欢迎。

1 编者注：英尺，英制长度单位，1 英尺合 0.3048 米。
2 编者注：英亩，英制面积单位，1 英亩合 4046.86 平方米。

神奇的美味

谷物早餐背后的机器

文字：卢卡斯·彼得森（Lucas Peterson）
插图：达伦·哈德博迪（Darren Hardbody）

一颗玉米粒如何变成早餐玉米片[1]？一颗米粒如何变成早餐脆米花[2]？

简单来说是精灵和魔法。复杂的答案则是科技*！我们每天早上能吃上一碗谷物早餐还得感谢特制的机器把胚乳压成脆薄片，感谢膨化枪（puffing guns）把生谷粒膨化成一勺勺轻盈的颗粒，感谢复杂的喷射系统和上糖鼓（coating drums）把相对健

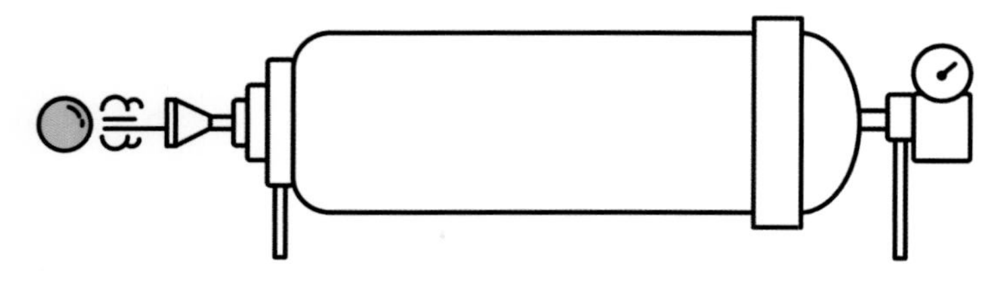

Whole-grain puffing guns

整颗谷粒膨化枪

大米和小麦是膨化类谷物早餐的主要来源。[4]

膨化过程由一种名为膨化枪的机器完成，这机器内部压强极高，形状则像大炮。大米或者小麦颗粒被装进膨化枪内部的厚壁钢制容器，然后密封容器，对其进行加热。在加热过程中，谷粒中的水分完全被蒸发成蒸汽。紧接着盖子被迅速揭开，膨化枪便会“开火”，把滚烫的膨化谷粒射进一个通风大容器内。这些机器声响巨大，非常危险，以 200 磅每平方英寸（约合 13790 万帕斯卡）的压强持续喷出大量滚烫的谷粒。工作人员必须一直佩戴合适的耳部及眼部保护装备，因为一不小心你的眼睛就很可能中弹。

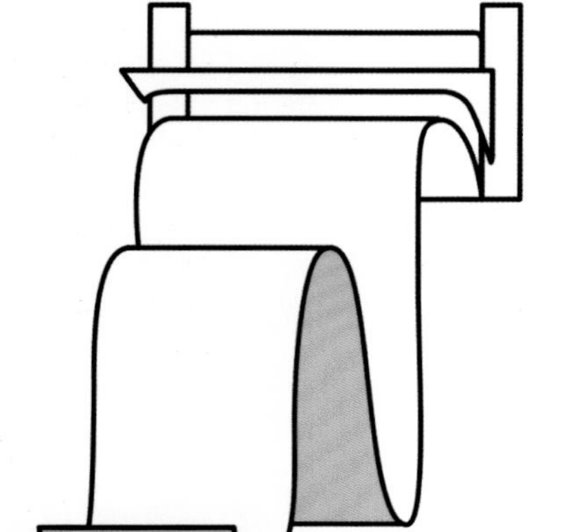

The shredding roll station

滚轴撕碎机

一项有趣的事实：脆丝碎麦（shredded wheat）的发明者叫亨利·D. 佩吉（Henry D. Perky）。一项没那么有趣但更相关的事实：脆丝碎麦饼由滚轴撕碎机制成。煮熟的小麦混合物经过调温后被倒入两个滚轴之间压成薄片。一个滚轴表面光滑，另一个含有细小的凹槽。金属刷扫过带有凹槽的滚轴，这样滚轴滚动时被收集起来的小麦——脆丝碎麦——就会被金属刷捡出并摊在传送带上。这些脆丝碎麦被一层层叠加起来——一般在 10 到 20 层之间，这取决于饼的大小。这些整张的脆丝碎麦片接着被切成小块，边缘经过修剪后就被送入履带传送式烤箱烘焙，烤箱会把它们的水分含量从（刚进入烤箱时的）45% 降低到（送到你碗里时的）4%。

康的全麦谷粒变成极不健康的五彩水果麦圈[3]。

大多数谷物早餐符合这样的定义：整颗的谷粒——通常是玉米、小麦、大米、燕麦或大麦——经过加工处理，再撒上一层甜味剂和盐的混合物。在罗伯特·B. 法斯特（Robert B. Fast）和埃尔伍德·F. 卡德维尔（Elwood F. Caldwell）影响深远的著作《谷物早餐面面观》（*Breakfast Cereals and How They Are Made*）的帮助下，我们总结了一些为人类带来谷物早餐的创造发明。

***** 谷物早餐的简短历史是这样的：密歇根州战溪镇（Battle Creek）是世界上最大的两家谷物早餐制造商家乐氏公司（Kellogg' s）和宝氏公司（Post）的发源地，基督复临安息日会（Seventh-Day Adventist Church）也起源于那里，而这并不是巧合。大约 19 世纪末期，基督复临安息日会开始宣扬早餐少吃肉，正是他们促成了即食谷物早餐的流行。基督复临安息日会信徒及战溪镇居民约翰·哈维·家乐（John Harvey Kellogg）开了一家疗养院，那里的病人禁酒禁欲，定期锻炼，日常饮食以谷物为基础，其中包括他发明的“早餐玉米片”。疗养院的一位病人 C.W. 宝斯特（C.W. Post）借用了家乐的想法，成立了自己的谷物早餐公司。（这导致了他和家乐长达一生的积怨，因为家乐认为宝氏窃取了自己的秘方。）

Extruders

挤压器

我们最喜欢的谷物早餐（或者类似的，意大利面）为什么会有不同的形状？

圆形的谷物麦圈[5]、多种形状的彩虹棉花糖谷物麦片[6]、方形的肉桂吐司谷物脆片[7]——它们全靠挤压器成形。挤压器基本上就是一根巨大的螺旋棒，行经一只大桶，把生的谷物原料挤进模具，（如果拿彩虹棉花糖谷物麦片作为例子，）模具的形状可以是铃铛、鱼、箭头、四叶草、“X”。模具出口有一把刀片，把挤出的谷物条切成小块。这些成形的谷物块紧接着被煮熟，然后进行下一步加工。换句话说，这就像是培乐多彩泥玩具工厂的工业版。

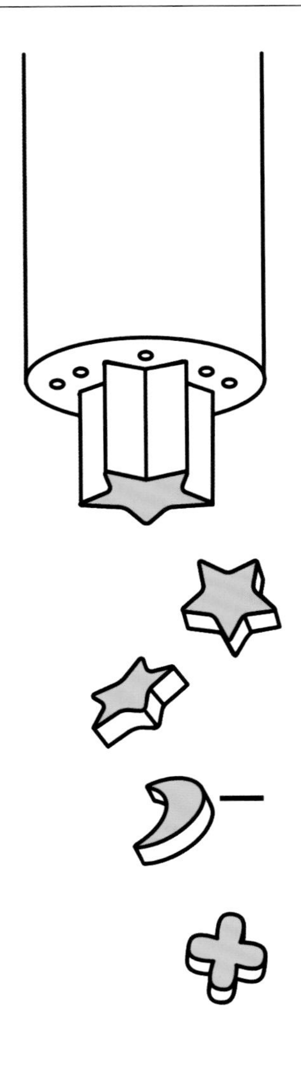

1 译者注：早餐玉米片即“Corn Flake”，美国家乐氏公司旗下的谷物早餐品牌。
2 译者注：早餐脆米花即“Rice Krispie”，同上。
3 译者注：五彩水果麦圈即“Froot Loops”，同上。
4 作者注：玉米也可以被膨化，但作为谷物早餐的原料，其制作方式和别的谷物不一样，比如早餐玉米球（Corn Pop，家乐氏公司生产）由玉米糊挤压成球状，在烤箱内烘焙而成。
5 译者注：谷物麦圈即“Cheerios”，美国通用磨坊公司（General Mills）旗下的谷物早餐品牌。
6 译者注：彩虹棉花糖谷物麦片即“Lucky Charms”，同上。
7 译者注：肉桂吐司谷物脆片即“Cinnamon Toast Crunch”，同上。

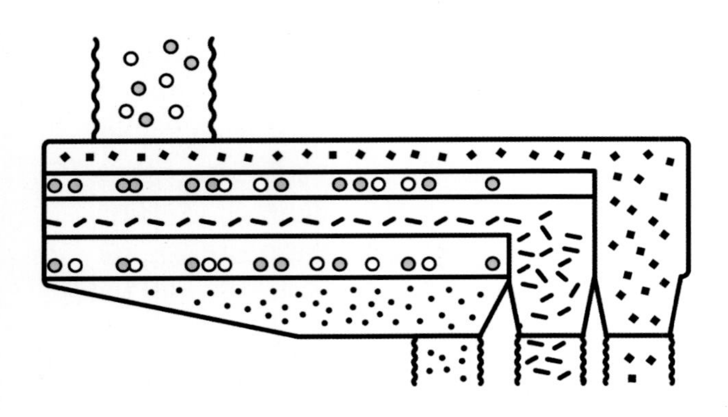

Lump breakers and sizers

块料破碎器和分拣机

“无论如何强调块料破碎和分拣的重要性都不为过”,《谷物早餐面面观》如是说道。正是因为有了块料破碎器，每一颗谷物早餐粒的大小才能惊人地一致——在块料破碎器里，大块大块的谷物经过逆向旋转的滚轴，每一根滚轴上都有强有力的尖齿，这些尖齿可以调节，用以把块料变成想要的尺寸。

打碎后的小块被倒入被称为筛分机（screener）的分拣机内：这是一种多层机器，用以把太大或太小的谷物块和大小正好的分开。三层筛分层相互叠加，轻微向下倾斜。第一层会筛出过大的谷物块，放入专门的容器内等待进一步打碎。第二层则会筛出尺寸刚好的谷物块，放入另外的容器里等待下一步加工或包装。最后，底部的那一层会筛出灰尘和过小的谷物块。

Coating drums and spray stations

上糖鼓和喷撒站

谷物早餐上的糖衣和不同口味在很大程度上决定了它们是否能够成功赢得那些嗜糖小怪兽以及屈服于他们需求的父母的欢心。

不过，给谷物早餐撒上糖衣不仅仅只有增加甜味这一种用途。防腐剂能保持谷物早餐的松脆口感。谷物早餐公司还会撒上维生素和营养物质，以便达到政府规定的“健康”或“均衡”的早餐标准。像可可球[1]之类的产品需要喷上调味料和色素（而不是在制作过程中直接加入到谷物原料里），因为这样做的话调味料和色素在接触到液体后容易脱落，会把整碗牛奶染成巧克力色，让产品更受欢迎。

给产品加上糖衣——比如糖霜玉米片（Flakes）上的糖霜，蜂蜜坚果谷物麦圈上（Nut Cheerios）的蜂蜜——有两种方式：通过传送带或者上糖鼓。如果谷物颗粒比较易碎因而不适合用上糖鼓（上糖鼓有点像水泥搅拌机或者烘干机），又或者如果生产商只打算给产品涂一层糖衣，比如糖霜迷你麦片[2]，他们就会使用传送带，喷撒系统从上而下喷出糖衣。在上糖鼓里，装满了谷物早餐颗粒的巨大不锈钢圆柱不停转动，喷撒系统则为其中的谷物喷上糖衣。如果披上了糖衣的谷物颗粒卡在鼓的边缘，那便会产生问题，因此，上糖鼓通常会涂上一层特氟龙或者其他不粘涂层。这些鼓的转速相对缓慢——慢到每分钟 10 到 15 转，以保证颗粒不会飞得过高从而飞出喷撒区域。◆

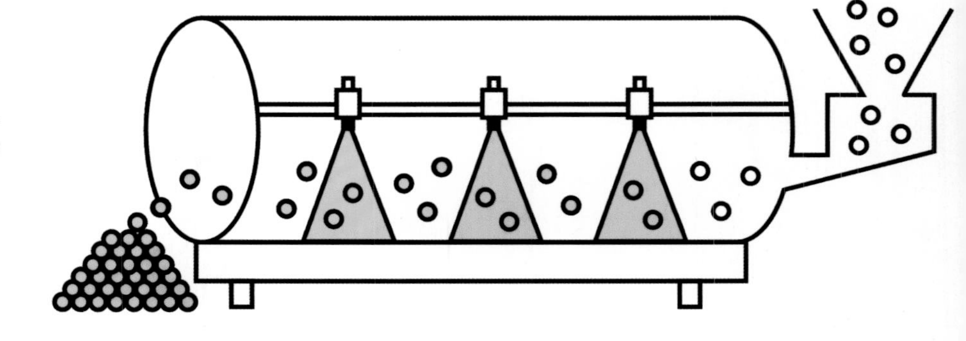

1 译者注：可可球即“Cocoa Puffs”，美国通用磨坊公司旗下的谷物早餐品牌。
2 译者注：糖霜迷你麦片即“Frosted Mini-Wheat”，家乐氏公司生产的谷物早餐品牌。

血腥恺撒

文字：马妮莎·阿加瓦－席夫利特
（Manisha Aggarwal-Schifellite）
摄影：玛伦·卡鲁索

血腥恺撒是加拿大版的血腥玛丽鸡尾酒，但更好喝。后者的常用原料在前者中也有——番茄汁、辣椒酱、伍斯特酱（Worcestershire），不过蛤蜊汁把温和的玛丽变成了得意的恺撒。根据 Clamato[1]牌番茄蛤蜊汁——这是当今血腥恺撒鸡尾酒的基础原料——制造商摩特公司（Mott's）计算，加拿大每年售出超过 3.5亿杯血腥恺撒鸡尾酒，它也因而成为加拿大最受欢迎的饮品，出乎意料地成为加拿大偶像。

广为流传的血腥恺撒诞生的故事是这样的：在第一杯血腥玛丽诞生之后大约 40 年，即 1969 年，黑山出生、意大利长大的沃尔特·切尔（Walter Chell）在加拿大亚伯达省卡尔加里市当酒保，为了庆祝卡尔加里旅馆（卡尔加里威斯汀酒店的前身）下属的意大利餐厅马可餐厅（Marco's）开张，他受雇创造一种新的鸡尾酒。马可餐厅的名菜之一是蛤蜊意大利面（spaghetti alle vongole），所以切尔花了“好几个月”精心炮制一种受这道菜启发的番茄蛤蜊汁鸡尾酒。在 1994 年受《多伦多之星报》（*Toronto Star*）采访时，切尔说，他当初只是管这种酒叫“恺撒”，“血腥”是一位英国客人加上去的，那位客人在喝了这杯酒之后感慨道：“真是一杯美味的‘bloody’（血腥）恺撒酒。”

切尔在他的酒里用了自家调制的蛤蜊“蜜汁”和番茄汁，但自从加拿大有了Clamato 牌番茄蛤蜊汁之后，血腥恺撒走上了统治加拿大的大道。1960 年为 Clamato 牌番茄蛤蜊汁注册商标后，美国公司达菲－摩特（Duffy-Mott）开始在美国进行推广，称之为“摩特大人的番茄蛤蜊汁”（Lord Mott's Clamato），并宣称这是制作“挖蛤蜊者”酒（Clamdigger）的最佳配料，“挖蛤蜊者”也是一种以伏特加酒为基础的鸡尾酒，几乎和血腥恺撒一模一样。20 世纪 70 年代期，达菲－摩特公司把 Clamato 牌番茄蛤蜊汁带入加拿大，并依靠血腥恺撒来推广Clamato 牌番茄蛤蜊汁。

虽然番茄和蛤蜊不是最典型的加拿大食材，血腥恺撒仍俘获了全国各地酒客的心。加拿大地广人稀，各地居民文化迥异，但达菲－摩特公司却用点缀了伏特加酒的番茄蛤蜊汁把他们团结在了一起。在 1994 年接受《多伦多之星报》访问时，切尔（1997 年去世）认为，这种酒之所以长期以来受人欢迎，得归功于加拿大社会的多元文化和他自己作为移民的“国际视野”。加拿大人通常一边吃早餐一边饮用血腥恺撒酒，但你可以在任何时间、任何城镇的几乎任何酒吧点到它。全国各地的酒吧用各自的特色点缀他们的血腥恺撒酒：炸鸡配华夫饼，成堆的海鲜，或者，像多伦多的 Rush Lane 酒吧那样用整只北京烤鸭（这是 2014 年加拿大最佳恺撒酒大赛的冠军）。现如今的恺撒酒和沃尔特·切尔当初古朴的原版相去甚远，不过血腥恺撒仍坐在加拿大早餐饮料的冠军宝座上——也许还握有一只烤鸭或者一段西芹。

---

1 译者注：“Clamato”即蛤蜊的英文“clam”和番茄的英文“tomato”的合体。

差一点冠军的早餐

大家都知道小麦干[1]能为冠军带来能量。那让我们来看看是什么样的早餐为这些世界级运动员助上一臂之力，举起各自奖杯的。

文字：萨拉·费尔德伯格（Sarah Feldberg）
插图：艾薇·卡希尔（Evie Cahir）

提亚 – 克莱尔·图米（Tia–Clair Toomey）

地球上第二健硕的女性
2015 年锐步混合健身大赛女子单人组亚军[2]

我通常吃一些炒蛋，有时候搭配牛油果吃，这全看我当天的心情。我经常会喝上一杯加了一点水果的蔬菜冰沙。我早上总是很忙，所以就吃这些东西。周末可能会用水果和酸奶拌上一点格兰诺拉燕麦片[3]吃。

我很喜欢喝咖啡。其实我现在正试图打破那种常规。我不介意在健身前喝一点咖啡，因为我不喜欢吃训练前营养补充剂，或其他任何东西，所以我就喝一点咖啡帮助自己进入状态。很多人试图说服我喝黑咖啡，但我不吃那一套。

如果可以敞开肚子吃早餐，我喜欢吃美式松饼加冰激凌，再倒上一层又一层的枫糖浆。我也很爱吃巧克力。如果可以的话我宁愿每天早上吃这些东西。

在参加混合健身比赛期间，我保证每天早上吃鸡蛋，然后是酸奶、水果和蔬果冰沙。比赛期间我会强迫自己每顿多吃一点。尽管我不想吃那么多东西，但我知道我的身体需要食物。

接下来我只需要训练参加一些举重训练。我得决定是尝试参加奥运会的举重项目，还是参加混合健身比赛的地区赛。这两场比赛在同一个周末举行。我两场都想参加。

1 译者注：小麦干即“Wheaties”，美国通用磨坊公司的一种谷物早餐品牌，其特色是包装盒上印有知名运动员肖像。
2 译者注：图米在 2017 年拿到了混合健身大赛的冠军。
3 译者注：格兰诺拉燕麦片即“granola”，一种由燕麦、蜂蜜、果干和坚果制成的早餐食物。
4 译者注：“Cap’n Crunch”是桂格燕麦公司（Quaker Oats）生产的一种谷物早餐，主要原料是玉米和燕麦。
5 译者注：“French toast”，法式吐司，做法一般是把浸过牛奶鸡蛋混合液的面包片在油里煎或炸。

霜降（Frosted）

纯种赛马
2015年美国贝尔蒙特赛马锦标赛（Belmont Stakes）亚军，仅次于三冠王美国法老（American Pharoah）
受访者为基兰·麦劳林赛马厩（Kiaran McLaughlin Racing Stable）的助理驯马师翠茜·麦劳林（Trish McLaughlin）

霜降很容易养活。它什么都吃，发育良好，体格健硕——肌肉张力和体重都恰到好处，总之就是一匹非常匀称的赛马。

霜降的用餐时间是上午11点和傍晚5点，一顿晚早餐，一顿晚餐。它每天随时都能吃到干草，面前永远放着干草和水。早上训练过后，它会得到半捆至一捆苜蓿草。它还会吃一种名叫“普瑞纳备战牌”（Purina Race Ready）的全能谷物饲料。我们在它的食物里加了一点玉米油，以保持它的皮毛健康有光泽。它一天吃两顿这样的食物。

参加三冠赛时，它先飞到纽约，再飞回佛罗里达，然后去肯塔基，最后再回纽约。三冠赛通常对马的要求很高，但我们从未担心过它，因为它的状态看起来永远都很棒。它是纯粹的运动员，很清楚自己的职责。它在马厩里是“金刚”，但一上赛场就是专业的。

米洛拉德·查维奇（Milorad Cavic）

退役奥运会游泳运动员
代表塞尔维亚获得2008年北京奥运会100米蝶泳银牌（以0.01秒之差输给了迈克·菲尔普斯）

我每天都吃早餐。我就是那种一天要吃上五六顿饭的人。当我参加比赛时，我每天肯定都摄入6000到7000卡路里。

我通常早上吃谷物早餐，比如格兰诺拉麦片[3]，以及各种不同的水果。我喜欢用蓝莓和香蕉搭配格兰诺拉麦片吃。五天工作日里，我一般有三天早餐就吃这个。剩下的两天我会给自己做蛋饼（omelet），里面包上火腿、洋葱和甜椒。

周末我通常会款待自己。有一种无比美味的发明叫玉米脆麦片法式吐司（Cap'n Crunch[4] French toast[5]）。它其实就是法式吐司，不过在煎炸的过程中加入了碎玉米脆麦片。那是我最喜欢吃的东西之一。还有早餐墨西哥卷饼（breakfast burrito）。圣地亚哥以其早餐墨西哥卷饼出名。

亚历克斯·基洛恩（Alex Killorn）

美国冰球队坦帕湾闪电队（Tampa Bay Lighting）中锋
2015年斯坦利杯（Stanley Cup）亚军

我是吃早餐的人。夏天休赛期训练时，我早餐通常吃三个双面煎蛋，搭配希腊式酸奶。取决于我有多少时间，我可能还会吃一根鸡肉香肠，喝一杯牛奶咖啡。

赛季期间会有些不同，因为我们有自助餐，所以大家都会吃火腿奶酪炒蛋。我们还会在炒蛋上加上一种肉酱。我以前从未听说过这东西，直到我看到别的队员开始那么吃。这可能听起来不是很好吃，但其实非常美味。

周末我们通常出去吃早午餐。我每次都会点相同的东西：三个双面煎蛋，一些培根和土豆。如果喝鸡尾酒的话，我一般会点血腥玛丽。在加拿大有血腥恺撒，是用Clamato牌番茄蛤蜊汁做的，比血腥玛丽好喝。◆

一杯博 Cup of Bo（logna）（洛尼亚腊肠）

文字：马克·艾伯特（Mark Ibold）　　摄影：嘉伯丽尔·斯塔比尔（Gabriele Stabile）

我第一次遇见史蒂芬·唐纳（Stephen Tanner）是在大约十年前，他当时在馅饼加鸡腿餐厅（Pies' n' Thighs）工作——那其实只是一块拥挤、狭小的台面，位于纽约布鲁克林一家糟糕得出奇的酒吧里屋。所谓“用餐间”只不过是威廉斯堡大桥下的一块混凝土院子。我是那里的忠实粉丝，它提供纽约最好吃的美国南方菜。

当这个地方关门大吉的时候，我和朋友们都非常失望，不过几个月后，唐纳就又重新出现在一家叫“鸡蛋”的餐厅，那家店擅长做各类早餐食物，我们通常会点奶酪炒鸡蛋，配上完美的炸薯饼。和鸡蛋餐厅渐行渐远之后，他在2010年又重出江湖，在一家名为“海军准将”（Commodore）的酒吧工作，那里的菜色不多却精美，供应的炸鸡至今仍是我在纽约最爱吃的炸鸡。那里还有我最爱吃的奶酪汉堡，以及最爱吃的墨西哥玉米片（nachos）。

如果唐纳算是主厨的话，那只是因为他开发菜单，并且算是公认的海军准将酒吧厨房掌管人，他最近还接管了供应墨西哥菜的科尔特斯（El Cortez）酒吧。但事实上，你更可能遇见他嘴里叼着烟，坐在工作的酒吧外的长椅上。虽然他非常谦虚，总是一副“我只不过是个做饭的”样子，但他的食物这么多年来一直都相当美味。

史蒂芬来自佐治亚州，这就是为什么我们都喜欢华夫饼屋[1]。当我和他提起这件事，他告诉我他知道如何复制华夫饼屋的炸薯饼，秘诀就是用半熟的土豆和冷黄油。我们在他女朋友安迪的公寓里一起做这道菜，他告诉我，他每天早上都会为她做水煮荷包蛋。（这让我感到非常惊讶，我根本没想过他是那种会做水煮荷包蛋的人。）

我们对一些容易在超市找到的食材进行了一番争论——唐纳是街角杂货店和快餐厅的忠实主顾，之后他告诉我自己小时候在佐治亚州奥尔巴尼市（Albany）上小学时吃的午餐。那是一片博洛尼亚腊肠，在油里煎成焦脆的杯状，里面装了一勺冰激凌球大小的土豆泥，表面再点缀上美式奶酪！他吃了上千份这种午餐。

我们去街角小店逛了一下，然后就有了他为我们带来的这份菜谱的模板：来自于他童年的博洛尼亚腊肠，代替土豆泥的华夫饼屋炸薯饼，代替美式奶酪的切达奶酪，以及一只向安迪致敬的水煮荷包蛋，最后在所有食物上洒上绿萨尔萨酱或拉差香甜辣椒酱，或者两种都加。这样的组合完美体现了唐纳的天才之处。

---

1 译者注：华夫饼屋即“Waffle House”，起源于佐治亚州的美式早餐连锁快餐店，特色品是华夫饼。

奥尔巴尼食堂早餐

放手去做吧，尽管随意省去任何组成部分。你也不一定要把所有部分叠起来——可以就让它们散布在盘子上。拉差香甜辣椒酱可以用来代替萨尔萨酱——我们试过了，非常好吃！

博洛尼亚腊肠杯

想做多少做多少

材料：1片博洛尼亚腊肠［奥斯卡·梅尔牌（Oscar Mayer）切片腊肠，或者熟食店卖的厚切腊肠］

用中火加热深煎锅，放入博洛尼亚腊肠片。大约1至2分钟后就会变成杯状。从锅里取出放置一边。或者，再煎一会儿直到腊肠片变得焦脆（虽然那样可能会变形）。

油炸薯饼

1份大约4到6块的薯饼

材料：

1块土豆＋少许盐和现磨黑胡椒用于调味

6到10汤匙冷黄油

＋磨碎的切达奶酪（可选）

1 取一只小平底锅，放入土豆和水，水要没过土豆，用大火将水煮沸后立刻关火，让土豆在水中浸泡9分钟。从水里取出土豆，并让其冷却（你可以前一天晚上就煮好土豆，保存在冰箱里）。

2 土豆去皮后用盒式擦板大洞口那一面擦成粗丝。撒上大把盐和胡椒（可以加很多）。

3 大火加热铸铁锅或者烤盘。把土豆丝摆成博洛尼亚腊肠杯大小的小馅饼（一块大土豆可以做4到6块这样的小馅饼）。在每块馅饼上加1到2汤匙黄油。不要过多拨弄小馅饼；黄油会慢慢融化渗透入馅饼，并且把底部烤得焦黄。取决于锅子的温度，这大约要花5到10分钟。

4 底部烤得金黄后，翻转薯饼，将另一面烤至金黄（在表面加上磨碎的切达奶酪，如果你愿意的话——薯饼煎熟后奶酪应该就已经融化了）。

水煮荷包蛋

材料：

＋白醋

＋盐

1颗鸡蛋

1 在小平底锅加入一小盏醋、一大撮盐、约一夸脱[1]水。中火把水煮沸。

2 小心敲开蛋壳，将蛋打入咖啡杯或小碗里。轻轻把杯子放入沸水中，再把鸡蛋倒进水里。转到小火或中小火，让鸡蛋煮3分钟。用漏勺取出鸡蛋。

绿萨尔萨酱

大约可以制作两杯

这种萨尔萨酱不需要怎么烹调，非常容易就能做成。这是海军准将酒吧美味玉米片上加的萨尔萨酱之一，不过也很适合和鸡蛋、鹰嘴豆泥或猪肉一起吃。我甚至可以直接喝这玩意儿。

材料：

1只墨西哥辣椒

5只高尔夫球大小的墨西哥灯笼番茄（tomatillos），去皮

1/4只中等大小洋葱，切碎

1瓣大蒜

1/4捆芫荽

＋**少许**盐调味

1 把辣椒放入装满水的小平底锅内。将水煮沸。1分钟后加入灯笼番茄，关火。让灯笼番茄和辣椒在锅中冷却，然后滤干。

2 把灯笼番茄和辣椒放入搅拌机内。加入洋葱、大蒜、芫荽和一大撮盐。打开搅拌机，搅拌到你满意的浓稠度（唐纳会让搅拌机开一会儿）。尝一下口味，根据需要加盐。◆

1 编者注：夸脱，英制容积单位，1夸脱合1.1365升。

LEFT
FRONT
LEFT
REAR

脏碟子俱乐部

THE DIRTY DISH CLUB

BREAKFAST STUFF

早餐那些事

文字：丽莎·哈那瓦尔特（Lisa Hanawalt）

THE WORST BREAKFAST I'VE EVER HAD.

我吃过的最差早餐

你需要知道的早餐小知识

- 不要不吃早餐
- 不吃早餐的人是坏人
- 这是至关重要的一餐
- 早餐帮你把注意力从无止境地等待午餐中转移开
- 永远都不能跳过早餐
- 餐又被称为"打破睡眠"[1]
  "晚餐的反面"
  "肠胃运动开启者"
  "鸡蛋餐"
  以及"前早午餐"
- 曾经有研究表明不应跳过午餐

我吃过的最棒的早餐

把早餐食物和想要吃这食物的人用线连起来

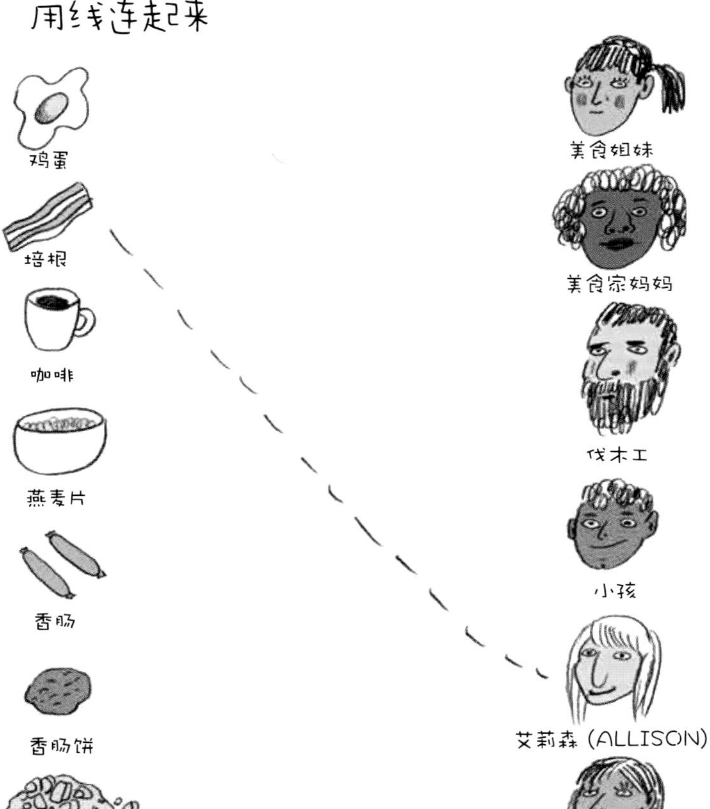

食物日记

早上10点	1颗巧克力杏仁
早上11点	2颗巧克力杏仁
中午12点	墨西哥拌饭（BURRITO BOWL）
下午1点	2颗巧克力杏仁
下午2点	2颗巧克力杏仁
下午3点20分	3颗巧克力杏仁
下午3点45分	1颗巧克力杏仁
下午4点	2颗巧克力杏仁
下午4点20分	4颗巧克力杏仁
下午4点39分	1颗巧克力杏仁
下午5点	6颗巧克力杏仁

1 译者注：早餐的英文是"breakfast"，即打破（break）禁食（fast）。

早餐问答

问：什么是鸡蛋？
答：临时家庭。
问：什么是香肠？
答：从一群猪身上切下的肉块。
问：什么是橙汁？
答：水果的血。
问：你感觉如何？
答：已经准备好开启新的一天。
还有别的问题吗？
问：没有。

早餐是好是坏？

好处	坏处
睡觉时有所期待	无聊
好吃	早餐食品的广告很讨厌
很有潜能	过于兴奋
经典	美式松饼感觉不好
可以选择咸的或甜的	咕噜咕噜喝牛奶的声音
早餐自助餐	没有烛光
很棒的吃蛋白质的机会	太重要，压力太大
我喜欢吃早餐	

服装搭配

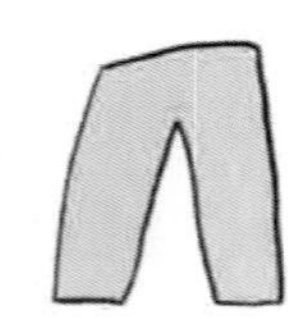

平常穿的
T恤和裤子

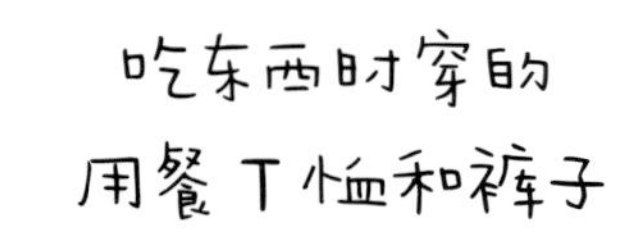

吃东西时穿的
用餐T恤和裤子

回到平常穿的
T恤和裤子

早餐谜语

你要去洗手间，但你还剩下三口食物。

你是应该：

A. 快速吃完然后去洗手间
B. 去洗手间，然后回来吃完（凉了的）食物
C. 拿剩下的食物喂狗，然后去洗手间
D. 直接拉在裤子上，把食物扔了。
E. 把食物扔进马桶，然后自己用马桶。
F. 不要吃，不要拉屎，不要动。

答案：B

我错怪了鸡蛋

大多数人都认为
鸡蛋有点流质最好吃。

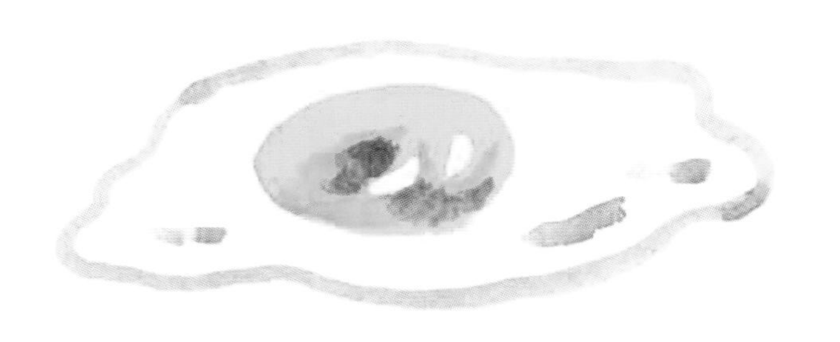

溏心蛋是怡人的美味。

但我觉得那好恶心。

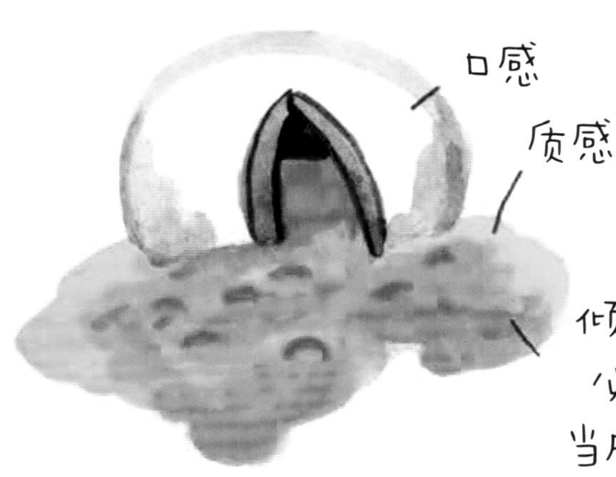

我想要煮透的鸡蛋！
每一个部分都要界限分明。

蛋白部分

蛋黄部分

硫化而成
的绿色

我知道我错了。对不起。不要生我的气。

哈罗德·马基（Harold McGee）

论咖啡

插图：杰森·宝兰（Jason Polan）

在一个阳光灿烂、天空湛蓝的早晨——每当这种时候我就会觉得旧金山的天气其实还不错——我前去会见哈罗德·马基。马基的头和正常人差不多大小，但里面装的大脑却无比强大，他答应让我盘问他，看看我能从他的大脑里挤出什么样的早餐科学小知识。我们原本约在一家街边小饭馆见，可是我们挑的地方门口的长龙排到街角。于是我们撤退到天鹅生蚝仓库（Swan Oyster Depot）餐厅，满以为在那里可以一边思考鸡蛋的问题，一边咕嘟咕嘟吸吮如蜜瓜般甘甜的加拿大库悉（Kusshis）生蚝，喝一杯又一杯琥珀色的美国精酿铁锚蒸汽啤酒（Anchor Steam）。但那里的队伍是第一家小饭馆的两倍，沿着山坡往上延伸，一路通向俄勒冈州。因此我们又走过几个街区，在波克（Polk）街上的贝尔坎普肉店及餐厅（Belcampo Butcher Shop & Restaurant）找到了张桌子。在那里，我们的话题转移到了咖啡上，虽然那并非我们当时在喝的饮料。我们一边等待餐厅开始提供午餐，一边聊了半个多小时的咖啡。

——彼得·米汉

我对咖啡的喜好随着年龄增长改变不少。最初从喝茶（那是我父母喝的饮料）改成喝咖啡时，我喝最基本的壶式过滤咖啡。大学期间我发现了深度烘焙咖啡，因此买了人生中第一台磨豆机，接着我搬到了西海岸，在那里发现了皮爷咖啡（Peet's）。几年之后，我从皮爷咖啡换到了蓝瓶咖啡（Blue Bottle）、四桶咖啡（Four Barrel）等等。在很长一段时间里，我真心热爱这些品牌的咖啡，但最近我发觉它们太酸太涩了。我又回归到深度烘焙的咖啡豆。旧金山这里有一名咖啡烘焙师叫安德鲁·巴内特（Andrew Barnett），他开了家名为林尼亚咖啡（Linea Caffe）的店，他烘焙的豆子比其他地方的程度深得多，所以我现在常去那里买咖啡喝。

有时候出差或者旅行回来，我会发现自己事先没有考虑周到，忘了把咖啡装入密封容器然后放进冰箱保存。一打开橱柜，我便不得不面对一大袋放了三个多星期的咖啡豆，

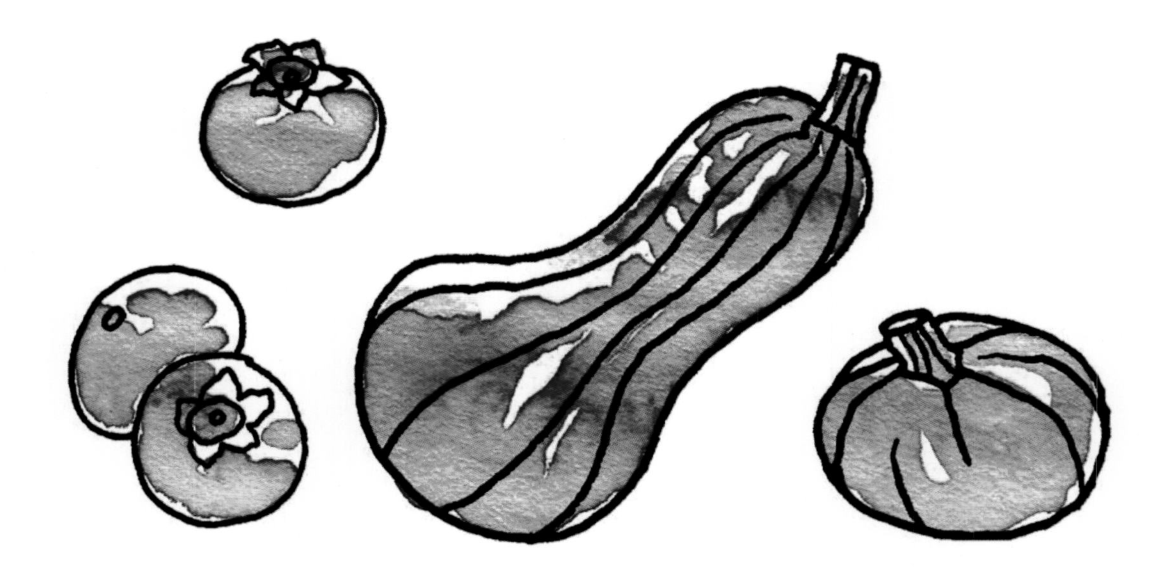

大约能泡两杯咖啡。我还是会用这些豆子来泡咖啡，而且你知道吗？我竟然开始喜欢上这种咖啡，这种所谓的“坏”咖啡。

所以我现在会故意这么做。我不会特意选定某一天把咖啡豆装进罐子，放入冰箱储存，因为我已经学会了欣赏变质的咖啡。这种味道让我想起以前喝壶式过滤咖啡的日子，味道虽然不怎么样，却带给我某种快乐。

虽然我对咖啡已经有过大开眼界的领悟时刻——比如能尝出蓝瓶咖啡的一种埃塞俄比亚豆子带蓝莓味，但我从来不是狂热咖啡迷，我想这其实是换一种方式在说我只是个半吊子咖啡迷吧。

这让我想起我和美食家杰弗瑞·史坦嘉顿（Jeffery Steingarten）的一次对话，当时我们在聊我吃过的一种蜜瓜。我告诉他，那瓜非常美妙，而且很有趣，因为带有一丝葫芦科蔬菜的味道，有种南瓜的调调。（蜜瓜、黄瓜、西葫芦都属于同一科。）杰弗瑞说：“所以你的意思是那只蜜瓜不好吃，马基。难道你从没听说过美食鉴赏这种东西吗？”

我不是美食家，我浅尝辄止。我最多只能把自己的不同体验和经历联系起来。我想，除了可以品尝到味道之外，还有很多细节需要大量知识储备才能消化。我最感兴趣的是喝咖啡时的真实体验。有时候你感受到的是一只美食家口中的完美蜜瓜，有时候则是一杯变质的咖啡。

因为我对食物的构造以及人为何会尝到不同味道有些许认识，我觉得变质的咖啡反而是重新唤醒大脑的一次绝佳机会，我会问自己，为什么它会有那样变质的口感？

是这样的，咖啡中不稳定的分子消散后，一些相对稳定的物质保留了下来，它们和其他物质及氧气产生化学反应。这和变质烹调油的情况类似，不过过程更复杂一点。如果你曾买过一大瓶用不掉的菜籽油，并把它遗忘在储藏室里长达数月，你就知道我在说什么。等你把这瓶油找出来炒菜时，你会发现它闻起来不太一样。它不再是中性油，闻起来和尝起来都有一种特殊的油味。

这是因为油在空气和光线作用下氧化了，这两种东西会改变油的特质。它们把脂肪分子分解成更小的分子，然后继续分解这些小分子。油分子本身很大，因此它们不会挥发——油分子很长，彼此附着，难以互相挣脱。你闻到的正是相对较轻的部分慢慢飘走时产生的气味。这就是你为什么要把咖啡放在真空袋和冰箱里保鲜的一个重要原因：你是在防止更具挥发性的香味逃脱，你让热量、光线、氧气远离咖啡豆，这样它们就不会分解咖啡豆里敏感的分子。

变质的咖啡豆所挥发的化学成分和菜籽油的不一样——咖啡豆里有上百种分子，可以呈现很多种气味。但是食品化学家（以及其他像我一样试图理解食品化学家工作的人）喜欢简化事物。我们先将事物分门别类，然后理解其背后的化学过程，接着试图构建可信的故事，以此说明为何它会产生某种气味。那些解释为什么你能尝到、闻到东西的故事都是由某个人基于已知信息编撰出来的。

咖啡品鉴中的其他部分则可以被简单量化。拿酸味举例——你不仅可以通过味觉，还可以通过观察牛奶倒入咖啡后的变化来辨别不同豆子的酸度。我的伴侣艾利喜欢在咖啡里加豆奶或者豆奶做的咖啡伴侣，如果是四桶咖啡或者蓝瓶咖啡，豆奶倒入后会凝结，这是因为这些咖啡的酸度较高。

所有咖啡豆里都有酸性成分。咖啡豆基本上就是由两种物质构成的。一种是豆子的营养成分，咖啡树通常生长在森林的林下层，需要争抢光线，所以必须在种子里储存大量能量，以便生成树叶，制造叶绿素。另一种物质则是起保护作用的化学成分，这样当昆虫或者菌类开始啮噬咖啡豆的外壳时，它们会尝到涩味和苦味，并因而放弃。

营养成分里的糖分在烘焙过程中会分解成食物类的酸性成分——比如醋酸，这是醋的主要酸性成分，或者乳酸，这会带来一点黄油的口味。这些酸性成分在烘焙过程早期被释放，因此如果你的咖啡是轻度或者中度烘焙，它的酸度就达到了最高。

在烘焙过程后期，当豆子开始变得闪亮、发黑时，这些酸性成分开始分解，这就是为什么深度烘焙的咖啡口感更温和，虽然它们的加热方式更极端。

我感兴趣的正是梳理这些不同口味，理解它们如何成为杯中的饮品，这也是为什么研究一杯变质咖啡背后的原理和原因与探索一杯真正上等的咖啡里的花香和果香一样有趣。腐败是生命的一部分，也是所有食物必经的过程。我在咖啡生命中的不同阶段捕捉它们，思考并体验这整个过程，我觉得这是一件非常美妙的事。

一位服务员打断了哈罗德，问他要点什么菜。

事实上，我还没看菜单。不过我要骨头汤。我还从来没有喝过骨头汤。你喝过吗?

这篇访问经过编辑、删减。不过在服务员来之前我们确实一直在聊咖啡。我们甚至都没空聊鸡蛋。也许下次吧！◆

丹妮埃拉·索图-因涅斯（Daniela Soto-Innes）

文字：莱恩·希利（Ryan Healey）
摄影：嘉伯丽尔·斯塔比尔

如果你坐下和丹妮埃拉·索图-因涅斯说话，你首先会注意到的就是她不会真的坐下来。她会在椅子上摇来摇去——悬浮于椅子上方，真的，这是充满动能的她竭尽所能停下来歇一会儿的方式。她不仅在对话中时刻处于动态，职业生涯亦是如此。她从十五岁开始专职烹饪，现在，二十五岁的她是知名大厨恩里克·奥尔维拉（Enrique Olvera）开的Cosme餐厅的主厨之一，这家店位于纽约，备受食客推崇。比起奥尔维拉在墨西哥城的旗舰餐厅Pujol的宁静，Cosme则更喜庆——体现了餐厅负责人的特点。

——莱恩·希利

我是家里的害群之马。我有两个姐姐，她们在学校和游泳池里都是最棒的，在我们成长过程中，那是非常重要的事情。

但是我，我和妈妈生活在一起。她是墨西哥城的一名律师，很少有空闲时间。一旦有空休息，她就会上烹饪课，因为她的梦想是成为大厨。我妈妈最好的朋友开了一家蒙特梭利（Montessori）学校，我被安排在那里上烹饪课。从那时起，我就一直在烹饪。我姐姐总是嘲笑我，噢，她又在做小饼干了！星期六和星期日，她们会出去运动，而我则和奶奶一起做上一整天饭。我还会去曾祖母开的面包房，在那里吃曲奇饼干。烹饪流淌在我的血液里：我最早的记忆就是做蛋糕，而且把一切搞得一团糟。

我十二岁搬到美国。那是在我身上发生过的最好的事情：这里的机会实在好太多了。两年后开始上高中时，我报名参加了一个烹饪项目，被安排到休斯敦万豪酒店的厨房工作。我完全不知道自己当时在干吗，一直在惹麻烦。他们让我做一份奶酪拼盘，我用冰激凌勺把福尔姆·当贝尔奶酪（Fourme d'Ambert）做成球状放在拼盘里，那可是我们最贵的奶酪之一。我被骂了很久很久，然后我把自己锁在冷库里大哭。不过我学到了很多东西：如何变得强大，如何在流水线上工作，如何赢得那些知道自己在做什么的人的尊重。

在那之后，我去得克萨斯州奥斯汀市上烹饪学校，为一位印度大厨打工，他教会了我如何使用香料。之后我去不同的地方旅行、当学徒——在纽约当无薪实习生，在瑞士做奶酪，最后回到休斯敦在Underbelly餐厅为克里斯·谢菲尔德（Chris Shepherd）工作。那家店专注提供动物各部位肉品[1]，我以前从未做过类似的工作。他教会我如何发挥创造力，进行独立思考。

我喜欢为克里斯工作，但我意识到自己想做墨西哥菜。家人告诉我应该去联系我崇拜的人，于是我写信给了恩里克·奥尔维拉。我以前去过Pujol，当时它还比较传统。我见证了这家餐厅的演变，想要成为其中一部分。当他的团队说我可以过去无薪实习时，我非常高兴。

1 译者注：这种提供动物各部位肉品的店英文名为"whole-animal butchery"，传统肉店一般采购和销售事先切好的个别部位，比如大腿、小腿等，但"whole-animal butchery"则采购整只动物，不浪费任何部位，并且通常直接在店里自行切割。

我从在 Underbelly 的流水线工作，变成整天为一种甜品的一个部分做小蛋白酥。开始在 Pujol 工作后，我从做咸食改行做糕点，但有一天屠夫没出现，于是我说："我也会切肉。"其他厨师笑了——甜品小姐觉得她可以切肉。那是我人生的转折点。现在每当我遇见挑战并认为我应该接受它的时候，我就会挺身去做。我利用了这个机会。

当恩里克让我去纽约开 Cosme 时，我经常质问自己，怎么就走到了这一步。我得修建厨房，雇用团队，开发菜单——全部都要自己去做。Cosme 的所在地原先是家脱衣舞俱乐部，我刚去那里时，那地方非常不像样；到处都是钢管舞柱子。我记得我曾暗自想到，欢迎来到纽约——鲨鱼的地盘。

最艰难的部分在于，修建餐厅时，我有九个月没有下厨——我从十五岁就开始烹饪。不过在这样退一步的过程中，我成长为管理者，而这正是我当时需要承担的角色。我不觉得在厨房里大喊大叫有用，虽然有时候我必须那么做；我相信自己要起表率作用。当我走入厨房时，他们想的应该是，如果她可以做得那么快，我也可以。年纪很轻这一点对我很有帮助。他们看着我会想："靠，如果她能这么做，我也能这么做。"

我依然很喜欢切肉。现在在Cosme餐厅，我会在纸上画出牛的不同部位，然后把纸给我的厨师，让他们写出各部位的名称。我觉得吧，既然你烧肉，你就得知道这肉是从哪里来的。有趣的是，很少有人知道牛肉的各个部分是从哪里来的。我不会仅仅因为他们不知道胫肉在哪里就骂他们是笨蛋——我只是希望他们能够去学。

当然，有好多次我气得发疯。我的准则是：越快越好，身上不能有脏毛巾或脏围裙，永远不要说"不"。不要说"不"。工作了一段时间后，我的厨师开始会在打算说"不"之前制止自己。如果你负责的工作台出了差错，永远不要责备别人，哪怕显然是别人犯的错。那是你自己的工作台，你必须对一切负责。

我还告诉厨师不要试图往上爬得太快。有的厨师做了一个月冷盘后就想去做热菜。我告诉他们，冷盘是整个餐厅里最有趣的工作——非常讲究技巧，并且会对用餐体验产生很大的影响，不过我记得自己年轻时也这么想。我认识到，无论你觉得自己爬得有多高，已经如何功成名就了，你其实才刚刚开始。我在这里可以掌管厨房，但如果让我去一家泰式餐厅，我还是得从头开始。随着年龄增长，我有了更多旅行和体验其他菜肴的机会，这让我意识到自己知道的还太少。

我们即将进入Cosme的第二个年头，必须继续督促自己进步。第一年，我们让大家认识到了这是墨西哥菜。人们来这里要么是想吃墨西哥卷饼（burrito）和油炸卷饼（chimichangas），要么就是想吃他们奶奶做的菜。但是食物，就像别的事物一样，需要不停前行。◆

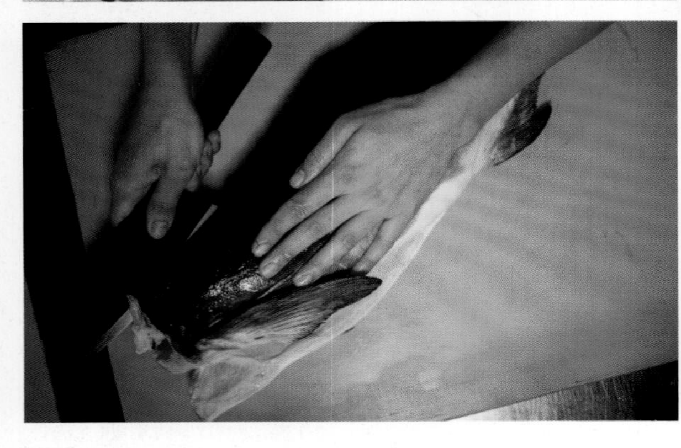

谷物早餐吉祥物大集合

文字、插图：乔恩·亚当斯（Jon Adams）

答案

1. 曲奇贾维斯加上曲奇小偷、曲奇屑警官、大灰狼曲奇片的手臂（Cookie Crisp 牌）
2. 被甜爆龙抓住的兔子特里斯和杜鹃鸟索尼（Cocoa Puffs 牌）
3. 苏哈（Sugar Coated Rice Krinkles 牌）
4. 小丑 Krinkles（Sugar Coated Rice Krinkles 牌）
5. 克朗代克皮特（Klondike Pete’s Crunchy Nuggets 牌）
6. 维他曼国王（King Vitaman 牌）
7. 甜心大熊（Golden Crisp 牌）
8. 麦奇（Life Cereal 牌）
9. 大鸟克莱可（Corn Crackos 牌）
10. 阳光吉姆（Force 牌）
11. 可爱邮差（Alpha-Bits 牌）
12. 啪嗒（Rice Krispies 牌）
13. 拉福特（Cap’N Crunch 牌）
14. 香脆船长
15. 香脆杂莓兽（Cap’N Crunch’s Crunch Berries 牌）
16. 噼里（Rice Krispies 牌）
17. 老虎托尼（Frosted Flakes 牌）
18. 啪啦（Rice Krispies 牌）
19. 乌龟帕拓普（Froot Loops 牌）
20. 巨嘴鸟山姆（Froot Loops 牌）
21. 砰砰（Rice Krispies 牌）
22. 巫师瓦尔多（Lucky Charms 牌）
23. 幸运小精灵（Lucky Charms 牌）
24. 小蜜蜂巴斯（Honey Nut Cheerios 牌）
25. 快斯普
26. 公鸡科尼利厄斯（Corn Flakes 牌）
27. 温德尔大厨（Cinnamon Toast Crunch 牌）
28. 蓝莓幽灵
29. 弗兰肯红莓（Franken Berry 牌）
30. 蜂蜜怪物（Honey Monster Puffs 麦片）
31. 水果野兽
32. 美味木乃伊
33. 苔藓老怪（Freakies 牌）
34. 巧古拉伯爵
35. 布偶脆脆（Crispy Critters 牌）
36. 大象及其他动物（Kellogg’s Corn Flakes 牌）

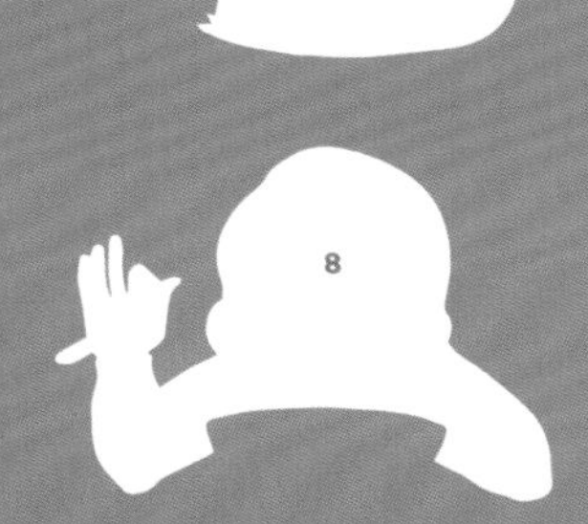

现在是早晨8点在世界的某个地方

来自全球各地的早间报道

摄影：凯西·麦克莱伦（Kelsey McClellan）
插图：卡莉·基恩·安德鲁斯（Carly Jean Andrews）

在郊区某个厨房的荧光灯下，蜂蜜坚果麦圈被倒入碗中；屋外的雪堆到窗台那么高，产生了隔音效果，导致麦圈击打陶瓷碗的声音显得无比响亮，倒麦圈的母亲担心这会吵醒孩子。

几小时后，在千里之外某个能听到海浪拍打沙滩的地方，氧化了的弯刀撞击甜角木砧板，砰砰作响；切开菠萝之后，这弯刀把果肉切成金色的半月状。再之后，在牙买加北岸白色沙滩上的某家酒店里，厨师打开了一罐西非荔枝果，把白色的果肉倒入锅中——游客们正期待在这潮湿的早晨品尝“当地”食物。

在许许多多的“某个地方”，现在是早晨 8 点。也许，正在读这篇文章的你所在的地方不是早晨 8 点，但是任何时候，任何一天，都有人在吃早餐。他们是如何填饱空了一晚的肚肠的？他们吃什么？为什么那样吃？

这正是这份早餐故事合集试图回答的问题。在这里，你会读到关于各个时区里人们早晨第一餐的报道。有一些地区我们没能顾及；我们不知道应该联系谁才能了解塞舌尔的早餐。我的想法是在每一个时区里挑选一个地方，所以我们选了卢旺达而没选维也纳，尽管那里是酥皮面点的精神故乡和真正的故乡，也是你在汉堡王吃的可颂三明治的祖先诞生的地方。

就这样吧。关于早餐最好的一点是，如果你活过了今天，明天就能尝试新的早餐。

——彼得 · 米汉

1992 年李子酱

文字：汤姆·拉克丝（Tom Lax）

如果你从未听说过查尔姆斯港（Port Chalmers），那并不稀奇：它的主要功能是作为东海岸城市达尼丁（Dunedin）的主要港口。达尼丁在查尔姆斯港南面10英里[2]，位于新西兰的南岛上。

对普通游客来说，根本没有必要去拜访那里。如果想钓到具有传奇色彩的褐鳟鱼，你得去更南边的地方，爬山和冰川滑雪仅限于西海岸，电影《指环王》当时还不存在。但我去查尔姆斯港是有原因的——根据我的了解，那里是必去之地。当时，1992年3月，那里是地球上最伟大的当代音乐圣地之一的腹地。它的主动脉是一个名为“快车道”（Xpressway）的磁带厂牌。厂牌创始人布鲁斯·罗素（Bruce Russell）以及他的妻子凯特·迈瑞（Kate McRae）就居住在这个冷清的小村庄。布鲁斯还是 Dead C 乐队的主力，这只乐队的唱片在美国由 yours truly 公司发行。

我不太了解布鲁斯（我们给彼此写过很多封信，但只在一起待过几天，那是一年以前，在我所居住的费城），而我从来没有见过凯特。但此时此刻我站在这里，作为一个对他们来说几乎完全陌生的访客，要在他们家投宿四个星期。

在查尔姆斯港的第一个早晨，我爬下床，慢慢走进厨房，被自制烤香肠和迷迭香烤土豆的香味所吸引。水煮荷包蛋还有几分钟就做好了，新鲜的面包在烤箱里正变得松脆。凯特给我一手塞上一杯优质早餐茶，另一手塞上一杯美味浓咖啡。我们一边轻松地聊天打趣，布鲁斯和凯特一边一起协力准备食物。他们先在盘子里放上肉和小土豆，然后把鸡蛋完美地放置在烤得金黄的吐司上。房间变得安静起来，因为我们都食指大动，开始享用面前的食物。凯特突然开口打破了沉默：“汤姆，你要不要一些李子酱？”

什么？说实话，我毫无头绪。我害怕询问那是什么，或者那是用来干什么的，因为怕被当成乡巴佬，所以我只能回答说“好的”，暗自向基督祈祷那李子酱不是新西兰版的番茄酱。因为我讨厌番茄酱。

一只新装了深色酱料的旧波特酒瓶摆在了我的面前。我在盘子边缘倒了一点酱料。出于礼貌，我用几块烤土豆稍微蘸了点李子酱。还不错。接着我又用香肠蘸了一大叉酱料。很好吃。配鸡蛋和吐司也一样棒。最后，我用叉子把各种食物叉在一起，蘸满了酱料，送进嘴里。天哪，真好吃！它不仅完全不像番茄酱，而且是我尝过的最好吃的酱料。

在那一刻以前，我尝过的唯一李子酱是越南餐馆里搭配越南米卷的附赠品。这彻底震惊了我的味蕾。有一点辣，一种非常微妙的辣度，咸味重过甜味，非常轻薄但又很浓郁——不管怎样，这味道刚刚好。我在他们家逗留期间，每天都非常期待早餐，期待把那迷人的酱料倾倒在当天提供的任何食物上。它搭配什么都好吃。在我离开之前——那可是二十多年前，我至今仍与凯特和布鲁斯是好朋友，我也仍不断在新西兰发现好音乐——我给他们的临别赠言是：“如果有机会，请把食谱发给我。”你知道吗？一周之后我回到家，一打开灯，就看到了那食谱，就在传真机的接收端上。我现在随时都把这食谱带在身边。你一定也会这么做的。

根据这份食谱你一次可以做很多，不过时间放得越长越好吃。我不觉得这世上还有比这更完美的回收利用空苹果白兰地酒瓶或单一麦芽威士忌酒瓶的方式。

可以制作大约 4 夸脱

材料：

1 块土豆 + 少许盐和现磨黑胡椒用以调味

6 到 10 汤匙冷黄油

+ 磨碎的切达奶酪（可选）

1 汤匙葡萄籽油

2 个中等大小的维达丽雅（Vidalia）黄皮洋葱，对半切开后切成细条

3 瓣大蒜，切成薄片

2 汤匙盐

2 茶匙辣椒粉

2 茶匙丁香粉

2 茶匙姜粉

2 茶匙现磨黑胡椒碎

3½ 磅[3] 糖

6½ 磅红色或者紫色李子，去核

6 杯麦芽醋

1 用中高火加热一只大的加厚复底锅或者铸铁珐琅锅，然后加入油。1 分钟后，加入洋葱和大蒜，不要盖上锅盖，偶尔翻炒，直到洋葱变软，颜色呈金黄色。

2 加入盐、干香料和糖，翻炒均匀；然后加入李子和醋，调到大火，煮至完全沸腾后换成文火慢炖，盖上锅盖。煮上 45 分钟，偶尔搅拌，以防煳底。把锅从炉子上移开，静置 10 分钟，锅盖虚掩。

3 取出手持搅拌机，将食材打至酱状。如果你没有手持搅拌机，用大勺舀入普通搅拌机内。条条大路通罗马。

4 一旦酱汁打匀，选一个干净、加热过的瓶子（我会事先用滚水冲洗瓶子），放上中等尺寸的漏斗，把李子酱倒入瓶内直到装满，然后封口。重复如此，直到所有的李子酱都装瓶。室温储存。保存时间愈长，口味愈佳。

1 编者注："UTC+12.00"表示东 12 时区。以下"+"表示相应的东时区，"-"表示相应的西时区，不再一一注明。

2 编者注：英里，英制长度单位，1 英里合 1.609344 千米。

3 编者注：磅，英制质量单位，1 磅合 0.4536 千克。

鸡蛋涂油派对

文字：应德刚

我的朋友克里斯·希伊（Chris Sheehy）是天体物理学家，他参与建造了位于南极的BICEP2射电望远镜，这台望远镜曾探测到宇宙大爆炸的余波，为我们提供了最能证明宇宙起源的证据。我向他询问他们在南极时早上都吃什么。

他回信道："早餐通常是一天里最棒的一餐。大家都期待吃鸡蛋。尽管在冬天我们不可能吃到新鲜鸡蛋。"

一年中四分之三的日子里，因为天气因素，运送供给的飞机无法抵达阿蒙森－斯科特（Amundsen-Scott）南极考察站，那是 BICEP2 和其升级版 BICEP3 的所在地。那么他们是怎样在早上吃到双面煎蛋的呢？希伊帮我联系到了罗伯特·施瓦茨（Robert Schwarz），他负责在漫长的冬季运作 BICEP 望远镜的姐妹项目 Keck Array 望远镜，他同时还是最长南极停留时间的纪录保持者（十一个冬季，五个夏季，一共十年）。

事实上，南极人为自己持续提供鸡蛋的历史可以追溯到很久以前。"如果你给鸡蛋涂上普通烹调油，它们可以在室温里保存一年，"施瓦茨说，"他们过去在船上就这么做。官方其实不允许这么操作，因为一些愚蠢的健康原因，但是一年到头都有'新鲜'鸡蛋吃真的很棒。"

施瓦茨说，因为规章制度，给鸡蛋涂油的日子一去不复返，但是，谁知道呢？涂油的过程是这样的（或者说，过去是这样的）："在我们与世隔绝八个半月之前，最后抵达的几架飞机会给我们带来几立方米的新鲜食物：鸡蛋、水果、蔬菜。水果和大多数蔬菜很快就会被吃完，因为无法保存太久，几千颗蛋则需要涂油，所以我们会举行一场派对，每个人在派对上要负责给几百颗鸡蛋涂油。

当他回到不像霍斯星球[1]那样被冰雪覆盖的地方，施瓦茨通常会期待喝新鲜牛奶（他每一季会给自己运 60 升牛奶，但最终还是得凑合喝奶粉），吃优质（德国）面包和水果。许多许多水果。

---

* 严格来讲，南极在所有经度线上，因此可以被划入任何时区，不过阿蒙森－斯科特南极考察站用的是东 12 时区。

1 译者注：霍斯星球即"Hoth"，电影《星球大战》里的一个星球，表面几乎完全被冰雪覆盖。

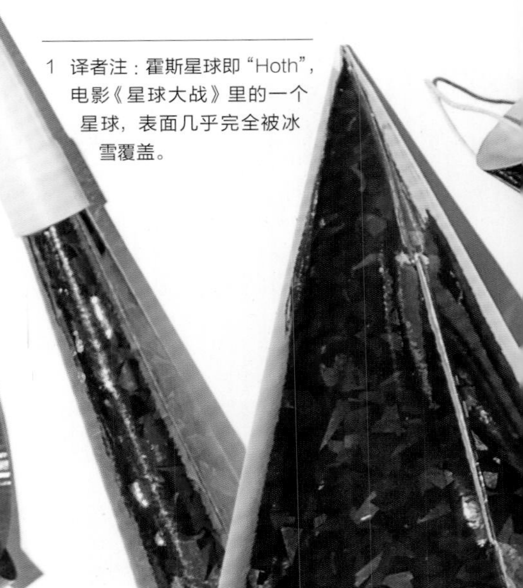

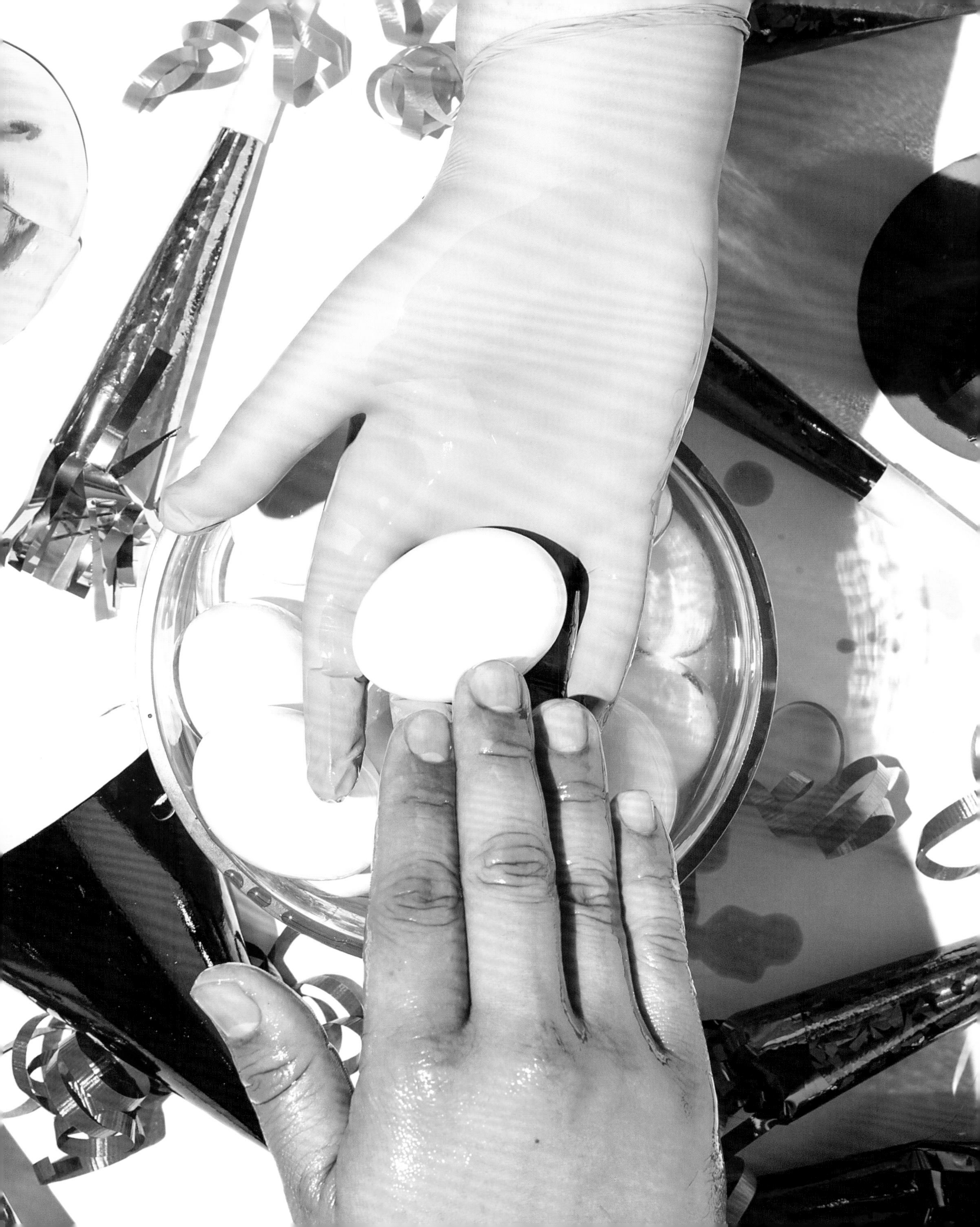

冷天热茶

文字、插图：罗曼·穆拉多夫（Roman Muradov）

俄罗斯早餐的目的是为接下来的一天做好充足的防御工作——防御攻击你身体的寒冷，防御漫长通勤路上穿无袖衫、肆意释放体臭的男人，防御灰色的室内、灰色的室外和灰色的食堂午餐。

俄罗斯早餐丰富而又丰盛，含有大量糖分，按照传统，一般搭配乌黑的茶饮。在我家，不含咖啡因的饮品被视为对大自然的犯罪，上茶时水总是滚烫的，如果你有所迟疑不敢喝茶，那将被认为是对我们的侮辱。普通俄式茶炊（samovar）容量很大，预示了漫长的饮茶时间，通常还伴有蜿蜒冗长的对话，从八卦、政治到文学、哲学，如此往复，直到我们瘫倒在地毯或沙发上，蜷缩在修辞的余晖中。

在这个世纪以前，俄罗斯菜幸运地避免了“外卖”文化。我记得只有一个例外：我的同学阿森尼（Arseni）会在舌头上放上几个茶包，然后喝下一大口热水，再急匆匆去上学。他说，这种茶的新鲜程度举世无双，因为这种喝法跳过了杯子里可能掺杂的任何杂质，帮你省去至少 20 分钟。

在火车上，早茶过去是装在玻璃杯里的，杯子则放在金属杯托上，杯

托比杯子宽四分之一英寸[1]。这样的设计再加上金属调羹，保证了旅途过程一直伴有烦人的碰撞声，这和火车一样成为旅行不可或缺的一部分。现在，默认的容器是不知名的纸杯，不过旅客可以（也应该）向列车长索要经典的“金属杯托”（podstakannik）。

俄式薄煎饼“Blini”——一种又软又薄、边缘香脆的薄饼——是最受欢迎的早餐食物之一，你可以直接吃，也可以用来卷肉、乡村奶酪（cottage cheese）、鱼子酱、水果，或者你手头的任何食物。同样深受俄罗斯人爱戴的还有“syrniki”，即乡村奶酪油炸

馅饼，一般搭配酸奶油和“varenye”，后者的做法是把整只水果浸在糖浆里，储存在巨大的罐子里，通常放在柜子顶层，苏联时代的孩子都知道如何用简易梯子爬上这些柜子。俄罗斯人非常坦白自己对糖的热爱——他们会用“vprikusku”的方式吃糖，即嘴里含上一小块糖然后喝茶；他们会把糖当成饼干或坚果那样的零食来吃，还会在茶里加上两到三大勺糖，他们就这样公开而又毫不害羞地享受糖。

荞麦糊（buckwheat kasha）是一种用水或牛奶做成的谷物食品，可以做得很脆，也可以很软。上面加上调味香草、肉或者蔬菜，无论当成主菜还是配菜都非常可口。我最喜欢在上面加的是油煎胡萝卜配洋葱和牛油果，虽然对我的同胞来说那听起来非常变态。

许多俄罗斯人早晨吃简单的“buterbrod”，这个词源自德语，意思是“黄油面包”，其实就是一种由这两样东西组成的三明治。坦白说，俄罗斯面包不需要装饰。在寒风中走进当地面包房，温暖的空气就会立刻包裹我的鼻子。

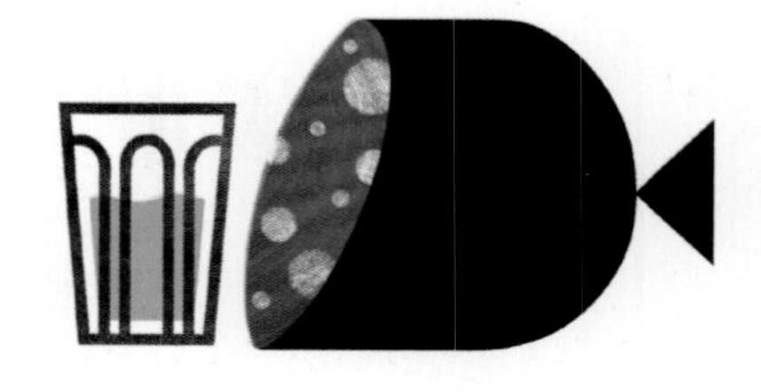

1 编者注：英寸，英制长度单位，1 英寸合 2.54 厘米。

悉尼面朝上[1]

文字：帕特·努尔斯（Pat Nourse）

现在是
早晨8点
澳大利亚
UTC+10.00

纽约某杂志的编辑曾向我确认，在地球另一端的澳大利亚，吃过一顿料超足的澳式汉堡后，是不是应该站在海里，让海浪清洗“爪子”上残留的菠萝、煎蛋和腌红菜头？“当然。”我回答说。就像任何一个美国人干掉一份费城奶酪牛排三明治后都会用秃鹰抹抹嘴，把国旗当成牙线剔牙，最后跳上他那头巨大的蓝色公牛[2]，骑牛回家。

澳大利亚阳光充足，所以没错，我们的确喜欢经常待在户外，随意放松心态。那意味着这里的食物量小而新鲜，咖啡馆同样令人放松（没有比早餐更正式的一餐了）。一切都有一种随心所欲、充满阳光的感觉，很容易讨人喜欢。

在悉尼的Pinbone餐厅（他们目前正在找新地方），他们提供一种叫“Pinbimbap”[3]的早餐拌饭，里面有米饭、花生、黄豆、鸡蛋、腌黄瓜，再配上由枫糖培根和南瓜做的馅饼，以及带有对虾、肉松和辣椒的煎蛋白卷。在靠近东部海滩的郊区，你能吃到的要么是可笑的Ruby 's Diner餐馆的“早餐甜品”（由香蕉、焦糖和法式酸奶油制成的油煎面包黄油布丁），要么是三只蓝鸭（Three Blue Ducks）餐厅的黑香肠炒蛋，搭配奇怪但效果不错的莳萝腌黄瓜酸奶。再往远处去，许多菜品拥有宗教般的狂热追随者，比如帕兹角区黄色（Yellow）餐厅的烤甘草面包涂发酵黄油，或者卡兹巴（Kazbah）餐厅史诗般的羊肉早餐塔吉锅[4]。（如果一家餐馆的早餐配菜里有土耳其sucuk香肠和塞浦路斯halloumi奶酪，谁能不喜欢那里？）

同时，在堪培拉，Barrio餐厅有一罐罐的Don Bocarte牌鳀鱼排搭配酸面包、红甜椒粉和柠檬，这家餐厅还证明了日式七味粉是少数能给牛油果吐司当佐料的食物。墨尔本的地标Cumulus Inc.餐厅把烟熏培根软面包卷（“bap”，也可以叫“sambo”，或者“sanga”——好吧，其实就是三明治）和德国开胃菜当成主食，还为麦片粥和果酱提供小口威士忌作为配餐选项。

如果你愿意的话，试着想象这是一个口头禅是“别担心”而不是“改不了”的国家。这可能不是规划软实力时会用的词，但却是事实，而且很快就会传播到你那里。如果社交应用软件Instagram所展现的是正确的，那么澳大利亚现在主要的出口产品是铁矿和脏煤，紧接着就是牛油果吐司和澳式白咖啡（flat white）。

怎么回事？为什么？我对原住民文化不够了解，所以无法评价殖民时期以前的早餐（colazioni），不过，1788年以后，持续的移民浪潮为早餐文化的完美风暴提供了条件。其根基来自于英国移民，他们带来了面包、黄油、鸡蛋、茶、小圆烤饼，也可能带来了对优质早餐价值的细腻欣赏。

中国移民的到来则加强了茶的地位，也带来了粥，他们推动（小推车的）轮子，让港式点心成为全民的周末消遣之选。黎巴嫩人和土耳其人为早餐桌带来了“shanklish”奶酪、中东综合香料“za'atar”、小檗木浆果“barberries”、中东芝麻酱“tahini”。我们非常熟悉加利福尼亚人的喜好，因此我们喜欢酸面包。有人声称，在悉尼越南移民聚集的郊区里能找到越南米粉的最高境界，而越南米粉是全世界最好吃的汤类早餐食物。

---

1 译者注：原文标题为“Sydneyside Up”，作者玩了个文字游戏，把悉尼（Sydney）和单面荷包蛋，即太阳蛋（sunny side up）拼在一起。

2 译者注：蓝色公牛出自美国神话故事，传说中的巨人樵夫保罗·班扬（Paul Bunyan）有一头蓝色公牛陪伴左右。

3 译者注：这是把餐厅名字“Pinbone”和韩式拌饭“Bibimbap”合在一起。

4 译者注：塔吉锅即“tagine”，是源自北非摩洛哥的一种陶瓷锅，其特色是有尖帽形的盖子，用这种锅做出来的食物也叫塔吉锅。

在东京人人都能得其所好（尤其是如果你早晨想吃咖喱的话）

文字：艾文·奥肯（Ivan Orkin）

在东京，大多数早晨，吐司配果酱加咖啡将是你最直接的早餐选择。不过也有很多日子，你会在前一天晚上设定好电饭煲，这样早晨起床后就可以吃上新鲜的热饭，搭配酱菜、纳豆、前一晚剩下的鱼，以及一碗可能是用即食鲣鱼高汤做的味噌汤，毕竟这是早饭。

又或者，你会做一个御饭团，里面包一片鱼或者一颗酸梅干。但如果你想出去吃早饭的话，你会发现很多西式或日式的方式来开启新的一天。

“Asakatsu”

“Asa” 指“早晨”，“seikatsu” 指“生活方式”，所以“asakatsu” 的意思是“早起的生活方式”[1]。这个概念在 2005 年后开始流行，指的是在早间从事不同活动——比如骑自行车或者去当红咖啡馆用餐。结果，年轻女性间开始流行吃美式松饼。美式松饼很早以前就传入日本，但当时被称为“热香饼”（hotcakes）。现在名字一改，美式松饼开始大行其道。鸡蛋及别的玩意儿（Eggs ‘n Things）餐厅是一家夏威夷连锁店，他们提供美式松饼和法式可丽饼。在日本，人们去鸡蛋及别的玩意儿餐厅吃早餐，就和去其他潮店一样。这只不过是当下的流行风尚，就像日本人涌入 Max Brenner 巧克力店用棉花糖蘸巧克力火锅，或者排上几个小时队吃芝加哥来的爆米花一样。

Bills 餐厅是一家澳大利亚连锁店，比鸡蛋及别的玩意儿餐厅在日本更早流行。Bills 餐厅很不错。你进门坐下，放松身心，点一杯橙汁，喝一杯咖啡，再吃一点儿鸡蛋。过去几年间，Bills 已经成为我的备选餐厅。那里的食物很棒。特色菜是意大利里科塔奶酪（Ricotta）松饼配蜂巢蜜黄油、枫糖浆和香蕉。上一次去那儿时我点了“新鲜澳大利亚人”，里面有水煮荷包蛋、腌制三文鱼、蒸蔬菜、腌番茄和牛油果。这道菜有点奇怪，但还不错。我还点了一杯澳式白咖啡——那里是东京少数几个你能喝到澳式白咖啡的地方。

好多次在日本吃西餐时，我总会觉得哪儿不太对味。我会自言自语道：“咦？这对我来说还是太日式了。”如果你是像我一样在日本住了很多年的外国人，偶尔你会非常想吃上一顿正宗西餐，而且是在西式氛围里吃。也许你会去柏悦酒店（Park Hyatt）的纽约烧烤（New York Grill）餐厅，那里有点西式的感觉，偶尔去那里换换口味也不错。但我通常就去 Bills 餐厅。

“Kissaten”

“Kissaten” 指西式咖啡店，我很喜欢那里。西式早餐在日本已经流行了很长一段时间，通常指的是一片有点像得州吐司[2]的面包，上面涂了

---

1 译者注：日文汉字为“朝活”。

2 译者注：得州吐司指的一般是涂了黄油和大蒜的厚切片吐司。

点果酱，再加上一杯咖啡，可能还有一颗白煮蛋。（午餐时间，他们会提供"那不勒斯"意大利面：基本上就是茄汁意大利面。这道菜看起来糟糕透了，但也因此好吃极了。）有一家叫客美多咖啡（Komeda's Coffee）的名古屋连锁咖啡馆，那里的特色是，如果你上午11点前进店，并且消费一杯咖啡，他们会赠送一片超厚的得州吐司，上面的配料可以选择甜豆酱、鸡蛋沙拉或者黄油。我去过那里两次，有一次我拿到一片奇怪的比萨吐司，非常可怕。

定食套餐

在东京有些地方你可以吃到正宗的传统日式早餐：一片烤鱼、味噌汤、酱菜、米饭。你走进餐厅，来到餐券售票机前，付钱购买食物。我最喜欢吃的是咖喱饭。一份350日元，如果加120日元，还可以得到一颗太阳蛋和一根香肠——我早饭经常那么吃，那感觉就像在天堂。一共只要4美元，这让我想起纽约的昂贵物价。最近我带全家去东京吃饭，四个人才花了12美元。

在松屋——这是一家类似吉野家的连锁餐厅，我会发现周围所有人都在吃"asagohan"，即"早饭"。去年，我常去的那家店新装了几台疯狂的餐券售票机，上面有巨大的屏幕，以及各种不同选择。如果你点"asagohan"，送上来的会是一颗煎蛋和一碗米饭，然后你可以在洋葱炖牛肉（gyudon）、纳豆和煎三文鱼中选择，配菜还有一小碟酱菜和汤。

站立式乌冬面馆

在东京路边，许多人早餐吃乌冬面。东京是座极度繁忙的都市，人们没有时间，所以他们会在火车站里的站立式荞麦面馆或乌冬面馆停下，快速吸食一大碗面，然后再去办公室工作。面是非常合理的早餐选项。

咖喱店

日本人普遍接受早餐吃咖喱饭。我吃咖喱饭上瘾。日本的咖喱是从英国传来的印度咖喱，所以很多店会管它叫"印度咖喱"。如果你去一家好的咖喱店，你会发现那里的店员一丝不苟，就像任何好的拉面店店员一样。他们会用心熬上一整天高汤，吃的时候，你会觉得，我的天哪！口感无比浓郁丰富，非常好吃。

面包房

对美国人来说这可能令人震惊，但日本的面包房真的比美国的要好太多。最近某天早上8点半，我恰巧在大阪的一家面包房，那里给我留下最深的印象是，每隔5分钟，他们会取出另一屉新鲜出炉的热面包，或者塞满巧克力奶油的夹心面包，或者夹着火腿和卡芒贝尔奶酪（Camembert）的面包。在美国，吃热气腾腾的新鲜面包并不那么常见。但在日本，吃"yakitate"（新鲜烘焙的）面包很正常。

自动售货机

到达日本的第一个冬天，我在乡下一个火车站外等朋友。我们很冷，所以他从一台自动售货机里给我买了罐咖啡，当他把咖啡扔给我时，我暗自思忖，什么情况？这咖啡是热腾腾的。我从来没有喝过任何热的罐装饮料。那咖啡非常好喝，罐装咖啡的质量现在越来越棒。唯一的问题是，我爱喝黑咖啡，而大多数罐装咖啡都添加了糖和奶。但它们很好喝，而且至少有二十种口味可以选择。日本的自动售货机是最棒的。

起床吧，闻一闻那羊胎盘

文字：扶霞·邓洛普（Fuchsia Dunlop）

我在开封的第一顿早餐，我的朋友志勇（音译）7点左右过来接我去吃。当我们抵达老孙的餐馆（Sun's Café）时已经错过了早高峰。院子里的桌上布满了空碗和筷子，但四下无人。

志勇直接带我去厨房，一个女人在煮一大锅热气腾腾的高汤，另一个女人则在砧板上切煮熟的内脏。志勇点了单，第二个女人抓了一把刚切好的肉扔进碗里，在上面放了几条生的粉红色大小肠。她的同事把碗里的食物倒入漏勺，然后放进她那魔法锅里，接着她把煮熟的食物放到碗里，倒入热汤，撒上新鲜芫荽。“快来坐下，”志勇说，手里拿着一张饼和一小碗酱菜，示意让我去拿自己那碗汤。

从汤碗里飘出一股呛人的内脏气味，越过绿色塑料桌飘浮过来，除了一瓶醋和一碟盐之外别无其他配料。我不知道自己到底在吃什么。当然，餐馆的名字其实已经透露了一些讯息：老孙羊双肠汤。但是除了羊的大肠、小肠之外，里面还有别的东西。我戳了戳隐蔽在汤里的形状神秘的东西。志勇注意到我疑惑的神情，跟我解释道：那是羊胎盘。

我吃过各种不同版本的“中式早餐”。刚到中国时我住在四川，那里的人喝稀粥，吃馒头、咸蛋和酱菜。后来，在湖南省省会长沙，我习惯了早上吃油滑的米粉和腌辣椒。在华北，我吃过浸在热豆浆里的油条、面条、蒸包子。在云南，早上第一顿吃的是煎烤过的厚块状的饵块配豆腐乳。不过直到开封那个晚春的早晨，我还从没听说过醒来第一顿吃羊胎盘的。

老实说，那不会是我早餐的首选。但那时我刚认识志勇，他是我朋友的朋友，而且前一天晚上我还试图给他留下好印象，告诉他我吃东西完全没有任何忌口，非常想和当地人一样吃东西。我没有任何退缩的余地。所以我依照志勇的指示，用调羹往汤里倒了些油辣椒，把饼撕碎放入那刺鼻的液体里，大口吃了起来。

那胎盘置于橡胶般的消化系统的条条管管之间，好吃得令人诧异，味道和口感都有点像肝脏。这道菜确实非常有趣——这是华北地区常见的肉汤泡饼在当地的变种。显然，这和西安的羊肉泡馍以及北京的卤煮火烧（一种灰色的猪内脏汤，也是把饼浸在汤里吃）有着紧密的联系。

几个月后，当我查看我拍的那家餐馆的墙上标识时，我发现羊胎盘不是那碗气味呛人的汤里唯一的秘密羊内脏。比起早餐吃了羊生殖器这个新闻更让我感动的是描述这道特色菜的壮观的诗性语言。老孙的“羊双肠汤”，墙上的文字自豪地声称，可以治疗宿醉，美容养颜，滋阴补阳。这道汤的迷人之处不仅在于其药效，更源自其口味：肠和胎盘，墙上的文字写道，“柔软，芬芳，入口即化”，而睾丸则“如豆腐般柔滑”，雄性生殖器官不仅“油滑间带有一丝力量和弹性”，而且“如玉般闪亮通透”。有那样的介绍，谁能抵挡这美食的诱惑，哪怕是在清晨7点半？

现在是
早晨8点
中国
UTC+08.00

在头顿市我们最喜欢的地方

文字：芭芭拉·亚当（Barbara Adam）
插图：麦迪·埃德加（Maddie Edgar）

那是2008年一个温和的六月早晨，我弓着背面对一小碗酱料，第一次吃“banh khot”（一种越南虾肉小饼）。

当时我们刚下船，坐了一个小时那种往来头顿市和胡志明市之间的破旧水翼船。我的新男朋友武（Vu）和我坐在星星苹果树虾肉小饼餐厅（Quan Banh Khot Goc Vu Sua）的塑料椅上，这家小馆子被公认为头顿市最好吃的餐厅。

头顿市的前身是一座小渔村，靠着开采海上石油致富。“轻轻松松”就能靠石油赚钱意味着地方当局从未花太多心思吸引国际游客，所以这座城市里主要还是当地居民、石油工人、国内游客——通常是那些不想花太多钱但又想去海滩度假的胡志明市人。

头顿市的特产是“banh khot”，这是“banh xeo”（一种源自越南中部和南部的更有名的咸味煎饼）的表亲，但更小、更好吃。一天中的任何时候都适合吃“banh khot”，但当地人更

倾向拿它当早餐。（对我而言，“banh khot”早餐的美妙之处在于它分量不大，非常适合几个小时后再吃第二顿早餐。）

这家饭馆嘈杂简易，我们隔空朝着另一边喊着点了菜，之后，服务员送上一篮子新鲜叶子和香草，以及一小碟青木瓜丝和胡萝卜丝。武忙着摆弄越南路边摊餐桌上必备的瓶子、碗和篮子，擦干净我们的筷子，为我们俩摆好酱料碟，在他的“nuoc cham”里——那是一种无处不在的越南蘸料，原料包括鱼露、柠檬汁、汤、大蒜和辣椒——加了更多辣椒。

三位带着布口罩的厨子在翻腾的雾气中为我们准备早餐。一个厨子把装在金属茶壶里的面糊倒入巨大的模具里；另外两人手持长柄钳子，为每一块煎饼盖上锡制的盖子。他们偶尔提起盖子，检查进程，一旦煎饼呈现出理想的颜色，他们就在快熟的饼上撒上切半的虾仁。

最后的成品是一块块小煎饼，边缘焦脆，表面散布着蜷曲的粉色虾仁。这些煎饼被六个一份地送上我们的餐桌，点缀以葱花和橙黄的虾米。

武为我展示了“banh khot”的正确吃法。他选了一片巨大的芥末叶，在一端放上一块煎饼，加上一点青木瓜和香草：圣罗勒、越南芫荽、鱼腥草、紫苏。他用芥末叶卷起所有的东西，形成一根巨大的绿色雪茄，然后把卷起来的“banh khot”蘸着他那碗“nuoc cham”吃。

这让我大开眼界：酱料为煎饼添加了风味，芥末叶带来了日式芥末般的味道，青木瓜则带来了清凉的爽脆感。煎饼本身口感柔滑，尝起来有点像椰子，佐以厨房的烟熏香，头顿市特有的带着咸味的空气，以及周围呼啸而过的摩托车声。

当时，我们俩都不是“banh khot”艺术的专家——我们甚至一度错把一壶“nuoc cham”当成了茶，引得厨子哈哈大笑。现在，我们经常带孩子一起拜访头顿市，专门去吃“banh khot”。尽管在我的第二故乡胡志明市也能吃到这道菜，但那口味永远不及我们在其发源地吃到的——没有那么脆，也没有那么充满风味，完全不一样。

每日卷饼观

文字：迈克尔·斯奈德（Michael Snyder）

孟买的人总是行色匆匆。幸运的人能在家里吃由充满爱意的妻子或尽职的管家准备的早餐，然后再花上一个、两个或者三个小时赶去上班。剩下的人会在涌出每天运送七百万人的超载通勤列车后买上几块厚实的“idlis”（一种用发酵米糊蒸成的饼），这饼通常蘸有装在挂在自行车把手上的金属罐子里的椰子甜酸酱（chutney）。

出租车司机和办公室职员每天用孟买标志性早餐“bun maska”开启新的一天：那是一种涂了奶油、蘸着印度奶茶的甜味小卷饼，你可以在这座城市仅存的伊朗饭馆里花上几个卢比买到。这些饭馆，连同它们的曲木椅和天花板上慢慢旋转的电风扇，是另一个泛黄时代的标志。

最初抵达孟买时，我更愿意在公寓旁主街上的路边摊买玛萨拉香料卷饼（masala dosa）吃（我不知道还有其他选择），我喜欢看厨师用平底杯舀起一小团由发酵的米和小扁豆调成的米糊，倒在一块滚烫的金属板上，然后用同一个杯子把米糊摊平成一张又薄又大的椭圆形饼，再在饼中央加上一块黄油，撒上一点神秘的红色香料。他还会用铲子在饼的中间涂上一层厚厚的事先煮好的土豆，里面有芥末籽、姜黄、咖喱叶。接着他会把饼叠起来，切成四块，放在分格餐盘里递给我，餐盘里还有一大勺椰子甜酸酱和一大勺“sambar”——一种南印度常见的小扁豆糊，而这种卷饼就源自南印度。

这卷饼不是特别好吃——就像孟买大多数路边摊卖的卷饼一样，中间太湿太软，而“sambar”太甜又不够酸——不过相比北印度油腻的早餐，我非常感激能吃到清爽一点的东西，我在北部的德里以学生身份住过四个月，但一直没有习惯吃那里的早餐。在那里，早餐包括“aloo paratha”（一种里面包着土豆的油煎饼）或者是“chole bhature”（热鹰嘴豆咖喱配油煎面包），这是一种旁遮普（Punjabi）[1]菜，至少在孟买，现在更多是被当成下午点心来吃。

在旧德里的一个上午，当我在烟灰色的小巷漫步时，我注意到劳工们正排队等着吃“nihari”，那是一种我只在晚饭吃过的菜：大块的牛羊小腿肉在由二十多种香料制成的汤汁里炖上好几个小时，上菜时还配有充满油脂的骨髓，表面漂浮着一层红辣椒油。那一天我得知，“nihari”事实上是被当作早饭发明的，在莫卧儿帝国的宫廷厨房里，厨师会炖上一整晚的“nihari”，这样国王第二天起床做过祷告后就可以吃到，然后继续回去睡觉。过了一段时间，这道菜流传到了民间：它便宜、丰盛，可以在开始一天工作之前加热来吃。

这是我最喜欢的穆斯林菜之一——肉嫩得难以置信，辣得令人振奋，基本上融化在了由肉桂、肉豆蔻核仁、肉豆蔻皮、孜然熬成的汤汁里，风味口感丰富到难以一一甄别，温暖得就像壁炉——但是，一想到早上要吃这道菜我的胃就不舒服。

被棕榈树包围的南部城镇，比如泰米尔纳德邦（Tamil Nadu）、喀拉拉邦（Kerala）、卡纳塔克邦（Karnataka），环境要比北部更柔和，比孟买更宁静，那里的人吃的早餐大多以米饭为基础，搭配的是甜味过滤咖啡，而不是充满糖分的印度奶茶。那里的“sambar”小扁豆糊带有罗望子果实的酸味，点缀以各种蔬菜；椰子甜酸酱既热辣（因为青辣椒）又令人感到凉爽。那里的“idlis”饼像羽毛般轻盈，因为发酵而带有轻微的酸味。

[1] 译者注：旁遮普地区横跨印度西北部和巴基斯坦东北部。

现在是早晨 8 点

印度

UTC+05.30

面包和茶

文字：内奥米·杜吉德（Naomi Duguid）

我是在夜晚抵达我在马苏勒村（Masouleth）所居住的招待所的，这座村庄位于里海边的山脉上。管理招待所的人告诉我，他第二天早上会给我送早餐。

醒来之后我打开窗户，一缕缕云朵和薄雾飘了进来。有人敲了敲门，紧接着我的主人走了进来，他把托盘放在厚波斯地毯上。盘子上有一块椭圆形的名为“Barbari”的金色长面包。面包旁有一只茶壶，一只玻璃杯，一罐蜂蜜，一叠冰糖块。

“Barbari”和糖茶是伊朗的标志性早餐。“Barbari”是一种经过发酵的扁面包，长度通常为两英尺或更长，顶部呈金黄色（烘焙师得涂一层特制的面糊才能得到这么深的颜色），从一端到另一端之间有间隔紧凑的褶皱。这是美的象征。你可以掰开或撕开这面包，一小块一小块地吃。褶皱凹进去的地方很脆，两边突出的地方则很软；每一口都有独特而迷人的口感。

我在马苏勒村吃的“barbari”刚从面包房里新鲜出炉，温热，块头很大。我吃完了整个面包，细嚼慢咽，时不时闻一闻撕下的面包块。这面包不需要加蜂蜜。我就着一杯又一杯芳香的红茶吃着面包，这茶就采自村里的路旁。吃完之后，我便去寻找生产这面包的面包房。

* * *

我在伊朗吃的最后一顿早餐是在大不里士市（Tabriz）杂乱的集市里。在那里无头绪地游走令人感到愉悦：布满金店的走廊，如洞穴般的地毯商店，在庭院里制作铜罐的工匠，展示着肉、香料、蔬菜的店面——充满了各种色彩和质地。

在那座迷宫里有一家小饭馆，人们三三两两坐在小桌旁，喝着茶读着报纸，或者随意地聊着天。那时我已经理解了不同早餐桌上诸多细微的差别：你可能会得到稠酸奶或新鲜奶酪来搭配你的面包；“moraba”（稠果酱）也可能会被送上桌；窑炉（tandoor）烤出的扁面包可能会取代“barbari”。我找了张桌子坐下，点了茶、面包，以及一碗这家餐馆著名的“kaymak”——一种浓厚的熟奶油——搭配蜂蜜。我细细地嚼着面包，慢慢地品着茶，试图延长在那里的快乐时光。

现在是
早晨 8 点

土耳其

UTC+02.00

各色土耳其早餐抹酱的美妙之处

文字、摄影：大卫·海格曼（David Hagerman）

几年前，当我开始为自己即将出版的食谱书《伊斯坦布尔及其周边》（*Istanbul and Beyond*）拍摄照片时，我惊奇地发现，除了大众所知的大量面包类食物、果酱、蜜饯、蜂蜜和“kaymak”（一种凝脂奶油）、橄榄和蔬菜、鸡蛋以外，并没有什么所谓的土耳其早餐。

土耳其菜包括许多地方性的菜系，依赖季节性食材和本地食材。在尚勒乌尔法（Şanlıurfa），秋天的早餐通常包括新鲜收割的由烤箱烘烤而成的“isot”辣椒。在凡城（Van），餐桌上永远会有“otlu peynir”（由羊奶和春天采摘的野菜制成的奶酪）。在迪亚巴克尔（Diyarbakır），早餐意味着和牛肉或羊肉一起煮的鸡蛋，肉事先煮熟切碎，浸在脂肪或黄油里——这是一种传统的冬季肉类保存方式。在与叙利亚接壤的哈塔伊省（Hatay），你可以吃到撒满香料的橄榄油蘸面包。在托卡特（Tokat），每一顿，包括早餐，都有当地特色的酸面包。

一直在那里的东西

文字：菲利普·古里维奇（Philip Gourevitch）

我可以不吃早饭——虽然我不愿这么做。但要是不喝咖啡呢？如果某天早上没有咖啡因，从医学角度来说，我不能确定自己还活着。所以，当我 1995年 5月搬到卢旺达居住时，我觉得应该没什么大问题。咖啡和茶是这个国家的主要出口品，虽然这两样农作物在 1994年动乱后散布在废墟里，但每一间余留下的小餐馆仍为早餐食客提供一种他们称之为热咖啡的饮料。

那是一种可悲的饮品：浑浊，滚烫，没什么味道，除了偶尔有一种毒药般的苦味——无论放多少糖或者“Nido”（一种无处不在的罐装奶粉）都无济于事。然而，嘴里尝到的东西还算是惩罚里最轻的；当这液体抵达你的肠胃时，一切煎熬才刚开始。

当然，我还是会喝这玩意儿。

最近回到卢旺达时，我发现首都基加利（Kigali）挤满了为咖啡疯狂的都市人——这座城市现在几乎找不到一杯糟糕的咖啡，每隔几个月似乎就新开一家更好的浓缩咖啡店，提供更优质的奶泡，就和你在布鲁克林或旧金山喝到的咖啡一样棒，尽管价格也一样高得惊人。我意识到以前卢旺达的问题在于，那里的人出口咖啡，但不喝咖啡。

对大多数卢旺达人来说，事实仍是如此。他们早上喝的热饮仍是淡茶，里面倒满了牛奶和糖，你甚至可能误以为他们在喝煮开的冰激凌，或者高粱糊、玉米糊之类的东西。也有人早餐喝啤酒，这在许多农业文化里很常见，他们有时直接从瓶子里喝室温啤酒，或者如果店里卖的啤酒太奢侈，他们就在水瓢里用吸管喝香蕉啤酒。也有许多人饥肠辘辘地开始新的一天。

不久前我偶然浏览到一个介绍卢旺达饮食的网页，上面写道：“卢旺达食物匮乏，这对当地料理的形成起了主导作用。”事实并没有那么糟。卢旺达人现在种的粮食足够大多数人吃饱，并且有富余出售给其他国家。

不过，虽然卢旺达远非地球上最贫穷的国度（我刚到那里的时候它差点成为最贫穷的国家），但大多数人目前仍生活艰难，许多人一天只吃一顿饭，通常是午餐，这也是我在当地采访报道时一定会吃的一餐。

所以比起其他地方，我在卢旺达更坚持要吃早餐。在基加利，你现在可以吃到任何东西，那里有上乘的法式糕点，如果你喜欢吃糕点的话。那里甚至有百吉饼店，旅居卢旺达的“纽约客”都说还不错，但我无法想象一个人能思乡到那种程度。我去卢旺达不是为了吃好吃的，但一旦到了那里，每天早上我就得吃东西。我相信，一座城市里最好的东西通常是一直在那里的东西，即当地后院盛产的食物。也许是几个能补充蛋白质的鸡蛋；为了填饱肚子而吃的、和两个拇指放在一起一般大小的奶油小香蕉，这种香蕉让别的香蕉品种相形见绌；然后，最重要的，就是各种能吃到饱的新鲜杧果、西番莲、牛油果、树番茄、菠萝、木瓜。

我在卢旺达还吃过别的印象深刻的早餐。在基加利旧集市旁的伊西姆比酒店（Hotel Isimbi），他们在 20 世纪 90 年代会在早晨提供一种浓稠的鱼肉浓汤。一旦尝过那汤，你早上就很难不点它吃。那里经常有不少醉

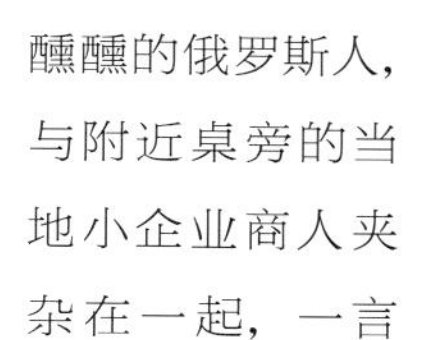

醺醺的俄罗斯人，与附近桌旁的当地小企业商人夹杂在一起，一言不发地大口喝那鱼汤。在西北部某个阴冷潮湿的黎明，空气里弥漫着从火山吹来的寒冷薄雾，几个士兵把我叫进他们那由泥砖和金属片搭成的棚屋，邀请我吃一大碗丰盛的玉米仁和豆子，这些食材都是刚从附近农田里采收而来的，在烟火中就着一点油盐烘烤后食用。烟熏香和那食物的爽脆感，以及我们用手指从共享的碗里夹食物的情形，让我想起了在卢旺达吃的另一顿早餐。那是在二十多年前，在中部高原地区：冷却的烤得酥脆的梭子鱼放在一只大金属盘里，我和几个塞内加尔维和部队成员一起分着鱼吃，他们前一天晚上刚从首都达喀尔把新鲜的鱼空运过来。我们围在火边取暖，享用这顿佳肴，随着火势渐弱，我们慢慢吃完剩下的菜。

不过，这些“特供”梭子鱼、野生罗非鱼浓汤、灌木丛里的“爆米花”都无法消减我在卢旺达早餐时间对各色水果的热爱，在这样一个国度，我总觉得非常需要那样的一餐。只要提起“maracuja”这个词，即西番莲，我就可以想象到黎明时分那长长的日光。提起杧果，我会想起在各色鸟鸣中穿上衣服的情形。提起牛油果，我则想起把新笔记本塞入后裤袋、准备出门迎接新的一天时的心情。如果再给我看一把奶油小香蕉，我就能闻到咖啡香。

巴塞罗那美式松饼

文字：吉纳维芙·柯（Genevieve Ko）

你能吃到埃尔贝托·阿迪利亚（Albert Adria）的蓝莓松饼的最早时间是晚上9点，而且还得是不符合潮流地提早在7点去他的Tickets餐厅做食客才行，Tickets是他在巴塞罗那开的塔帕斯[1]餐厅，热衷于突破各种界限。

“西班牙人没有好好吃早餐的传统，”阿迪利亚说，“花上很多时间吃早饭并不常见：人们匆匆喝完咖啡就去上班了。我通常吃一根香蕉，或者喝一杯咖啡加牛奶。不然就是偶尔喝苏打水配一块小三明治。在西班牙和加泰罗尼亚文化里，甜味早餐并不常见。”

“美式松饼，”他解释道，“是与我在美国吃过的食物的一种联系。我偶尔才吃美式松饼，因为它们太甜腻了。美式松饼可不是你每天都能吃的东西。”

阿迪利亚把美式松饼当成甜品，用这种方式捕捉到了美式松饼制作过程中转瞬即逝的一刻——即松饼脱离平底煎盘的那半秒钟，那是它们金色表面最嫩最脆的瞬间。他创造了一种非常薄非常脆的外壳，完美复制了新鲜出炉的美式松饼最外层的质感，同时用轻盈的酸奶油做内馅，取代了美式松饼蛋糕般的口感。他的松饼顶部有一块完美的正方形棕色焦糖，重现了盐味黄油在温暖的枫糖浆里融化时的形态。

“美式松饼用的是一种会爆开的面团，”恩里克·蒙左尼斯（Enric Monzonis）解释道，他负责在Tickets餐厅的甜品吧拉多卡（La Dolca）做这道松饼。“我们当时试图为另一种甜品做面团——一种名为‘neula’的传统加泰罗尼亚饼干。我们把面团压在平底煎盘上，然后卷起来，”他说，“但是面团表面会膨胀起来，然后爆开。一旦面团爆开，真正的工作才开始。因为我们必须调整食谱，好让面团每一次都爆开。于是我们问自己：可以拿这面团做什么甜品呢？当我们终于把外观做得像美式松饼后，我们开始考虑口味。我们尝试过用培根以及其他流行食材，但最终决定保留更简单的口味，比如加酸奶和枫糖浆。最后，我们找到了将技巧与口味完美搭配的方式。”

“这其中唯一涉及‘分子料理’元素的地方在于乳化黄油和枫糖浆。但并不是一切美食都需要分子化。甜品不需要严格分子化，那不应该成为限制。一想到甜品，我想到的是‘fluir’（西班牙语），即流动。我们永远可以在厨房里发挥创意。口味非常重要，但最重要的是释放每个人内心的童真。尝试用口味让人们尽情释放。”

“糖味食物不仅仅意味着填饱肚子，那其中有享乐的成分。你吃它是因为你喜欢它，”阿迪利亚说，“对甜品而言，这是最宝贵的成分。你努力工作，因此值得拥有这份微小的快乐。”

现在是
早晨8点
西班牙
UTC+01.00

1 译者注：塔帕斯即“Tapas”，指西班牙菜正餐前的各种小吃或下酒菜。

足够摩洛哥

文字：莱恩·希利

当时正午即将到来，而我还未吃早餐。摩洛哥皇家航空取消了我清早从卡萨布兰卡出发的航班。当我抵达马拉喀什的时候，德吉玛广场已经空空荡荡，只剩下一些游客从一个凉棚冲到另一个凉棚，绝望地躲避刺眼的阳光。当地人知道这时候不该冒险外出。

但是在老城区（medina）的边缘，我看到一个女人站在涂了油的平底煎盘旁翻“msemen”，那是一种在摩洛哥随处可见的千层饼。我点了三块：一块原味，一块光溜溜地涂着哈里萨辣酱[1]，一块涂抹着欢笑奶牛（Laughing Cow）牌奶酪和蜂蜜。这三块饼非常完美：酥松、软糯、香脆，三者兼备。我很快形成了一套早晨的例行程序：在出门路上停下买两三块“msemen”，去主广场买一大杯橙汁（我了解到，这橙汁的秘密是里面加了糖浆），以此开启新的一天。

直到整整一周之后，在舍夫沙万（Chefchaouen）这座小城，我才意识到我被“msemen”迷昏了头，以至于忽略了摩洛哥早餐还有其他选择。我住处的女主人每天早上为我提供全套早餐，包括圆形的名为“harcha”的粗麦蛋糕，那让我想起乡村风味的罗马风格粗麦团子（gnocchi alla Romana）；涂了果酱的像英式小圆烤饼的“beghrir”；圆形的“khobz”，即摩洛哥的神奇面包；小杯装的橄榄油和新鲜奶酪；橙汁（不加甜味剂）；有一堆冰糖块融化在杯底的薄荷茶；当然，还有我挚爱的“msemen”。

当我告诉女主人最棒的摩洛哥早餐食物还要数“msemen”时，她大笑起来。我为之疯狂的哈里萨辣酱？那是突尼斯的玩意儿。“La Vache Qui Rit”（法语：欢笑奶牛）是彻彻底底的法国货。但我不为所动。在那个命中注定的早晨，“msemen”拯救了我，而且直到今天都待我不薄。那对我来说已经足够摩洛哥了。

1 译者注：哈里萨辣酱即“Harissa”，一种北非常见的辣椒酱，原料包括各种不同的辣椒和香料。

"Sopa de Couve"

文字：大卫·莱特（David Leite）

在过去，对许多亚速尔群岛人来说，早餐不过是晚餐在一觉之后的延续。我的父亲出生在圣米格尔岛，他告诉我吃隔夜的"sopa de couve"（羽衣甘蓝、土豆、豆子做成的汤）或煎鱼的情形。对有些家庭而言，每天的第一顿饭是一大块"broa"（玉米面包）和"torresmos"（煎猪皮），对别的家庭来说，早餐就是把一条由葡萄酒和红甜椒粉调味而成的蒜香葡萄牙香肠切成片搭配面包吃。

如今早餐更加丰盛。你会看到一碟碟火腿、葡萄牙乔利佐香肠（chourico）或者其他香肠，以及"papos secos"，一种顶部裂开的小圆面包。

当然，还有人更喜欢液体早餐。走进一间"tasca"——一种通常由家庭经营的小饭馆，你会看见一团蓝灰色的香烟雾，男男女女大口地喝着特浓黑咖啡。

葡萄牙亚速尔群岛 "Sopa de Couve"

8 至 10 人份

$1\frac{1}{4}$ 杯干红腰豆——前一天晚上拣好洗净，浸泡在凉水里
2 汤匙橄榄油，如果需要，可以多加一些
12 盎司[1] 葡萄牙乔利佐香肠、"linguica"香肠[2]，或者烟熏风干的西班牙乔利佐香肠，切成大约 $\frac{1}{4}$ 英寸厚的硬币状
2 只大号黄洋葱，切成小块
1 片月桂叶
3 瓣大蒜，切碎
$\frac{1}{2}$ 茶匙压碎的红辣椒片
4 杯自制的牛肉高汤，或店里买的低盐高汤
$1\frac{1}{2}$ 磅红土豆，去皮，切成 $\frac{1}{2}$ 英寸长的方块
$\frac{1}{2}$ 磅羽衣甘蓝或者羽衣甘蓝叶，除去中间的粗茎以及高纤维的叶脉，稍稍切碎
+ 犹太盐和黑胡椒

1 滤干腰豆，倒入中号炖锅中，加水至漫过豆子。煮开后改成文火慢炖，锅盖虚掩，直到豆子变软但不变形，大约 45 分钟。滤干，放置在一边。

2 同时，用中火加热一口大锅，倒入橄榄油。当油开始冒泡后，加入香肠，煎至焦黄色，大约 7 至 10 分钟。用漏勺捞出香肠，放在厨用纸巾上。留下 3 汤匙锅里的油，倒掉剩余的，如果锅里的油不够，就再加一点，直到锅里有 3 汤匙油。在锅里加入洋葱和月桂叶，不停搅拌，直到洋葱呈金黄色，大约 20 至 25 分钟。如果需要，调整火温，防止洋葱烧煳。

3 加入大蒜和红辣椒片，炒 1 分钟。倒入牛肉高汤和 5 杯水，加入土豆，开大火煮沸，然后改成文火慢炖，加盖，直到土豆煮软，10 至 12 分钟。

4 文火慢炖汤的时候，把三分之一的豆子和一点汤倒入料理机，打碎至糊状，然后用滤网过滤。土豆煮熟后，加入羽衣甘蓝、香肠、豆糊和剩下的豆子。关火，让汤静置 10 分钟，以便各种口味能融合在一起。除去月桂叶，加盐和胡椒调味，用大勺将汤舀入加热过的碗里。

1 编者注：盎司，英制质量单位，1 盎司合 28.3495 克。
2 译者注："linguica"香肠是一种在葡萄牙语国家流行的烟熏猪肉香肠，由红椒及大蒜调味而成。

一天里第一次八卦的机会

文字：阿尔伯特·兰格拉夫（Alberto Landgraf）

和世界上大多数地方的人不同，甚至和巴西一些其他地方的人不同，保利斯塔（Paulista）人不怎么在乎早餐，而且大多数时候都不吃早餐（特别是因为我们总是迟到）。但那些不跳过早餐并且仍记得早餐是一天中最重要一餐的人通常会吃以下这些东西：

“Pingado”

这是我们每天都喝的、超甜的——甚至连口感都像糖浆的——过滤式咖啡，通常会搭配牛奶，装在小啤酒杯而不是马克杯里。

“Pao na chapa”

经过煎烤、涂上黄油的圆形小法式长棍面包。烤的时候面包上会增加重物，或者面包烤好后用锅铲压平，这样成品才会又薄又脆。

“Vitamina”

一种由以下任何几种原料做成的水果奶昔：牛奶、木瓜、橙汁、香蕉、牛油果、草莓。非常厚实、顶饱。

“Pao de queijo”

木薯粉做的奶酪面包球。非发酵而成；最完美的口感应该是外层香脆，内里软糯有嚼劲，是巴西版的法式奶酪泡芙。

“Beiju de tapioca”

一种类似可丽饼的面饼，由发酵后的木薯粉加水制成。可能是所有食物里最具巴西特色的，全国各地不同地方的人以各自的方式吃这种饼，饼上可以涂各种不同配料，从只加黄油到搭配奶酪或巧克力酱。

“Pastel de feira”

包了牛肉末或奶酪的油炸面团，一般在街边市集上能吃到。

圣保罗的大多数人通常在早晨吃上述食物的不同变种，不管是在家里还是在当地“padaria”（面包房）或菜市场里。但对我们来说，比吃早餐更重要的是，这是一天里第一次八卦的机会，我们可以讨论前一天晚上的肥皂剧、政治或者足球比赛。我们巴西人热爱食物，但我们更热爱聊天。

现在是
早晨 8 点

乌拉圭

UTC-03.00

妈妈！你不要再在我的午餐袋上写名字了！
或者……在袋子上写上别人的名字啦。那样
的话，当我走进午餐间时大家都会认为那玩
意儿是我偷来的！写一个比较阳刚的名字！

1 译者注：原文为“Butch”，美国俚语里一般指假小子，也是对女同性恋者的一种蔑称。

文字、插图：马修·富尔茨（Matthew Volz）

昨晚今早

文字：乔治·维尔德（George Weld）

现在是
早晨 8 点
**美国
北卡莱罗纳州**
UTC-05.00

我母亲童年时住在北卡罗来纳州的威尔明顿市，在那里，全家人每天早上会坐在一起吃上一顿热腾腾的早餐，包括玉米糊、鸡蛋、蘸了黑糖蜜的美式松饼。

可能还有我外祖父抓到的鱼，热的鳕鱼饼、煎鲻鱼，或者鲱鱼卵。通常还会有弗吉尼亚州家庭农场出产的猪肉制品——乡村火腿、培根、香肠，不过也有猪脑炒蛋，以及从骨头上剔下来的猪腿肉做成的油炸馅饼。早餐之后，全家人会在客厅休息。接着大家纷纷去上学、工作或者做当天其他应该做的事。

经过一代人之后，这一整套早餐仪式——各式各样的食物、正式的座位安排、经过规划的早晨——从我家消失了。等到我长大的时候，这套仪式唯一的遗存就是我母亲做的美味（但无肉）的“猪脚松饼”。这道菜的名字源自一种我一想到就害怕的早餐：一整只猪脚包裹在松饼里，有蹄子有骨头，糟糕透了。

过去十年里，我靠做早餐维持生计。我经常思考这种代际变化，一种突如其来的限制制约了我们对早餐可能性的想象。不过，某一个早晨，当我女儿玛格丽特坐在厨房柜台边的椅子上，而我正打开冰箱盯着里面看时，这个问题有了转机。她当时四岁，很安静很体贴，脸颊仍胖嘟嘟的。清晨的阳光透过微开的天窗射下来，照亮了她的头发。我看着她，无比纯洁，然后我看着冰箱里油腻的盒子。

“宝贝，我可以给你做软烤饼吃，或者，你可以吃比萨？”

她看起来并不觉得自己受到了冒犯，没有意识到我刚邀请她进入了料理最黑暗的一面，即隔夜的厨房。她做了一些动作表示自己在思考这个问题，然后她说，“比萨”，这也让我大松了一口气。

在那之后，很快她就开始吃隔夜的泰式炒河粉、照烧鸡块、冷牛排。周末如果我们没有别处可去，我仍会做美式松饼和软烤饼。但当上学快要迟到，而她又喜欢冰箱里的剩饭剩菜时，我不但觉得可以给她吃前一天晚上的外卖，我还能说服我自己，这也是一种道德义务。如果她某一天早上吃隔夜比萨当早餐，那么另一天早上我就会给她做抱子甘蓝或者炒饭。

结果就是这样。我感谢比萨撬开裂缝，为她带来了早餐变革，让她的早餐菜单有了更多不同选择。确实，她昨天吃了华夫饼和黑巧克力，而今天早上吃了鸭胸肉。

如果我外祖母知道我有时候会给我女儿喂前一天晚上剩下的半块墨西哥卷饼做早饭，她可能会跪下来为我的教育方式祈祷 5 分钟。但是，吃得好意味着吃各种不同食物同时又不浪费食物：正是出于同一种价值观，外祖父早餐才会吃猪脚和猪脑。无论如何，从本质上来说，一块隔夜的外婆比萨（grandma slice[1]）和她设定的标准其实差距并不大。

---

1 译者注：“Grandma slice” 指的是方形或者长方形披萨。因为前文提到作者的外祖母，这里用 grandma slice 起到了双关作用。

现在是
早晨 8 点
美国
得克萨斯州
UTC-06.00

买塔可卷饼去

文字：玛丽·H.K. 蔡（Mary H.K. Choi）

你可不是每次都看得出。永远没法儿预测哪位老师会妥协，允许我们在教室里点早餐塔可卷饼。但是，好家伙，每当他们让我们这么做的时候，在那闪光的瞬间，这些薪水低得过分、脾气超坏的教育工作者就是我们的英雄。甚至包括那位来自基林（Killeen）的法语老师，她总是神经紧绷，你必须得喊她“女士”她才会回应你。都是英雄。

我的高中在得克萨斯州圣安东尼奥市郊区，学校里有4000多个学生，杂乱无章。在那里，早餐塔可卷饼有着伟大的凝聚力。无论你是啦啦队员、运动员、经常翘课抽大麻的问题学生、哥特少年，还是，比如，仅有的三个亚裔孩子中的一员——另外两个一个是我表亲，一个是我兄弟。当你低头去吃那被锡纸包裹着的美食时，那感觉永远都像是在圣诞节的早晨。

只有怪咖才不会加入争购早餐塔可卷饼的行列。我们的规矩是，那个敢于打破课堂秩序、号召大家响应大动的食指的学生必须负责采购。他们会收钱——一块饼通常是1.5美元，半个小时以后带着食物回来。时间掐得非常紧，负责采购的学生真的得跑着去买。[1]

我喜欢早餐塔可卷饼做得简简单单——仅仅比简单得糟糕要好一点点。两种或三种原料就足够多了。我不喜欢太大的饼。取决于你的塔可卷饼是从哪里买到的，饼卷起来的时候可能细得可怜，就跟接力棒一样。但是大家都知道你必须点至少两块卷饼，而第三块（除非是在周末点烤肉馅的饼）则显得有点多，因为那会让你马上打瞌睡。

对我来说，流行的新式早餐塔可卷饼是场骗局。对大多数当地人来说，这毫无争议。我相信肯定会有很多混蛋想和我争论，那些人品味极差，喜欢黑豆而不是斑豆泥，享受“素食”玉米薄饼，认为完全可以用除了“revueltos”（炒蛋）之外的其他方法做鸡蛋，还要用那种鸡蛋来搭配他们的“machaca”（牛肉干）。你看，早餐塔可卷饼之于得州人，正如培根鸡蛋奶酪三明治之于“纽约客”。他们的装腔作势令人恼火。一般来说，你可以去美式墨西哥（Tex-Mex）餐馆买3美元的塔可卷饼，它们有制作精良的Flash（网页动画）网站，但我才不会去。无意冒犯。

我喜欢那些致力于核心实力的餐厅。菜单上花哨的新式菜越少，餐厅越好。首先得有炒鸡蛋（如果没有鸡蛋，豆子和奶酪都是可靠的替代品，但对我而言，那些是午餐塔可卷饼的配料），这样一块饼的蛋白质通常比较适中。我总是会点鸡蛋培根和土豆鸡蛋。有时饼里会随意撒上一些颜色不自然的机器切的黄色奶酪，有时候没有。为了节约成本，培根总是切得非常薄，你甚至可以透过它读报纸。土豆是切成丁的玩意儿。不过你唯一可以提的要求是，你的塔可卷饼必须绝对炙热。它得冒着热气，那样的话，面粉——永远得是面粉——做的薄饼会变稠，就好像它马上要回归生面团的状态。这样的饼通常不太漂亮，而且一旦往饼里加了萨尔萨酱它只会变得更丑，但是，噢，Mylanta[2]，它们实在太美味了。

我能理解为什么大家喜欢鸡蛋炒饼（migas）[3]。那就像是迷你早餐塔可卷饼自助餐。但是对我而言，你可以一手开车一手把早餐塔可卷饼塞入嘴中，可以小心翼翼地在饼里洒上像水一样的餐馆萨尔萨酱（这相当于Kari-Out公司产的那种非常劣质的酱油，包装上有熊猫的那种），能这样吃的才是好东西。别忘了再点上一杯装在塑料杯里的杏仁茶（horchata），这可以帮你省下钱用作当天别的投资消费，比如，烤得刚刚好的牛胸肉、冰镇酒，以及一双精美的Lucchese牌[4]皮靴。

---

1 译者注：这篇文章的英文标题为“Taco Run”，英语里“make a(n) X run”指去买X这样东西，同时“run”又可以指跑步。

2 译者注：“Mylanta”即胃能达，一种健胃消食的药片，在这里替代一般感叹时常用的“my lord”（我的老天爷）。

3 译者注：“Migas”原是西班牙和葡萄牙的传统早点，现在则被视为美式墨西哥菜的典型，基本食材包括鸡蛋、墨西哥薄饼、奶酪、洋葱及胡椒等。

4 译者注：Lucchese是起源于得克萨斯州的美国知名皮靴品牌。

Desayuno en[1]
早餐

文字：蕾切尔·李维

墨西哥城（或者，“El D.F.”）是我出生长大的城市（我每隔几个月就会回去一次）。这里有四种墨西哥城的早餐。无论你是在上

Torta de Tamal

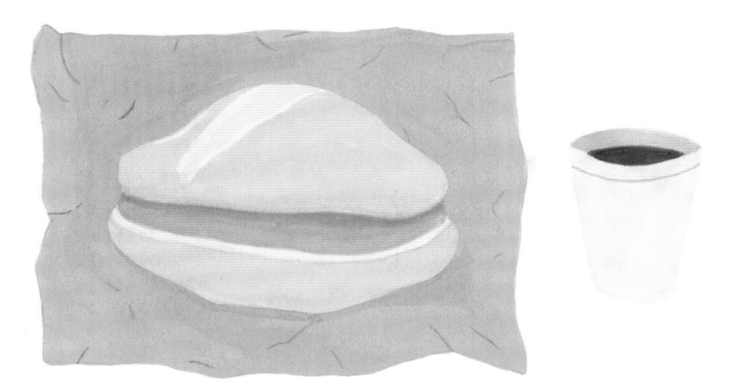

也被称为“guajolota”，这是一种里面夹了墨西哥粽（tamal）的“bolillo”面包[2]，工人会在城里的路边摊上购买这种食物。通常还会搭配一杯“atole”，那是一种以马萨玉米面为基础做成的热饮，口感顺滑，有点像的粥，有一种微妙的玉米甜味。这是支撑这座城市运作的燃料。

Huevos Rancheros

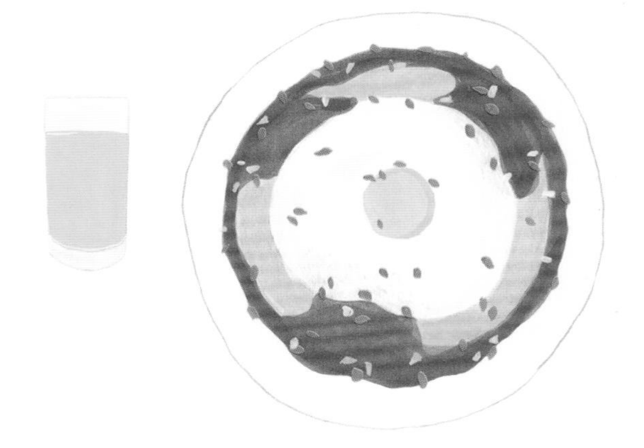

你很可能会在周末吃到这道菜，其实就是把煎鸡蛋放在玉米薄饼上，表面加上番茄和辣椒萨尔萨酱。如果你点的是“离婚风格”，上来的菜会有两种不同的酱料。

班前匆匆买上一份，还是自己在家里做，或者是在当地市集或餐厅里点来吃，这些食物永远都很美味。

Chilaquiles

这可能是你能吃到的最经典的早餐。切成三角形的油炸玉米薄饼（被称为“*totopos*”）在绿色或者红色的酱汁里被煮软。然后加上奶油、洋葱丝、“*queso fresco*”奶酪[3]。你还可以要求在这道菜里加上鸡肉条或者鸡蛋。

Pan Dulce

在这类面包上你可以看到西班牙料理对墨西哥菜的影响，但其各色名字和形状则展示了墨西哥文化的创意：小汽车、蝴蝶领结、亲吻、襁褓中的孩子。

1 译者注："Desayuno en"为西班牙语，意为早餐。
2 译者注："bolillo"面包是一种源自墨西哥的咸面包，外形有点像法式长棍面包，不过更短。
3 译者注："queso fresco"奶酪是一种由牛奶或者牛羊奶混合制成的墨西哥特色奶酪。

微焦的吐司和碗装杂拌饭

乔纳森·古尔德（Jonathan Gold）讲述
彼得·米汉撰写

杰西卡·科斯洛（Jessica Koslow）在 Sqirl餐厅所做的食物代表了当代洛杉矶早餐的两种典型。

其中一种是表面加了东西的焦吐司。那就是一块烤得微焦的法式长棍面包，这是过去几年里洛杉矶出现的最显眼也最伟大的事物。微焦这一点很重要，因为这样你才能尝出点吐司本身的味道。上面可以堆任何熟的食材，可能是新鲜的莫萨里拉奶酪，可能是橄榄油，可能是里科塔奶酪。也许你会先用大蒜涂一下面包，也许你不那么做。也许上面会有牛油果。

我竟然正以这样的方式谈论牛油果吐司。我是从纽约人那儿第一次听说牛油果吐司的，因为在加州，在面包上加牛油果这种事不会成为一种潮流，直到东岸开始流行。腋下夹着瑜伽垫的人们在餐馆里点一份份牛油果吐司和洛杉矶人吃牛油果是两回事。在洛杉矶一切都符合逻辑，人们想的是，哦，我有牛油果，我有面包：这就是我的早饭。我不知道你在别的地方吃到的牛油果是什么样的，但是在加州，我们有许许多多不同种类的牛油果——不同的口味、稠度、酸度、柔滑度。我妻子劳丽上小学时，她会去惠蒂尔

市（Whittier）附近拉哈布拉高地（La Habra Heights）的小树林郊游，去看原始的哈斯牛油果树——这种树的变种培育出了无数牛油果。那里应该成为宗教圣地。

现在再来谈谈杰西卡的第二种代表性早餐，即碗装杂拌饭。我最近一直在思考碗装杂拌饭，因为它似乎代表了许多东西。它没有一种特定的配方。里面一般有某种谷物——法老小麦（farro）可以算，藜麦（quinoa）也可以算。（我们最近像17世纪的罗马尼亚农民一样在吃大麦。）接着碗里必须有某种豆类。鹰嘴豆可能是碗装杂拌饭里的豆类之王，但有时候你会看见白豆，或者兰科戈多（Rancho Gordo）[1]的农夫上周从某个名为“Hidalgo”的村庄里“挖”出来的奇异豆子。

杂拌饭最上面总会加一只溏心蛋，通常是水煮荷包蛋或者稍微煎了一下的鸡蛋。还会撒上一把各色香草，或者是介于香草和蔬菜之间的某些绿叶菜。在一年中能吃到韭菜花的那神奇的短短几周里，它们会出现在碗里，羽衣甘蓝花也会适时出现。最初我不相信有人竟然真的试图销售过早开花的羽衣甘蓝，那一般会被当成农场犯的错误，但我已经学会欣赏这样的食物出现在我碗里。

烧透至焦糖化的洋葱能为碗里的食物增色不少。各类酱菜通常也会出现在碗里，因为制作碗装杂拌饭的人一般也喜欢腌渍或发酵的东西，而且酱菜可以带来意外的口味。作为收尾的总是某种浓郁的、疑似“带有异域风情的”调料——比如“chermoula”酱[2]、哈里萨辣酱或者其他类似的源自中东的调料。

碗装杂拌饭出现前人们吃什么？我不知道。我猜它已经取代了蛋白蛋饼。毫无疑问，它比蛋饼好吃，而且在这座城市里，人们普遍欢迎一顿低脂、无面筋、高蛋白且含有绿叶菜的健康早饭。它拥有足够的纤维以达到人们想要达到的效果，虽然不知道那些人要那么多纤维干吗。它让你觉得你最近表现良好，你的瑜伽老师也会认可。然后你就可以应对接下来即将在洛杉矶展开的一天。

1 译者注：兰科戈多是美国加州纳帕郡的豆类生产商和经销商。

2 译者注：“Chermoula”酱是一种在阿尔及利亚、利比亚、摩洛哥和突尼斯料理中常见的酱料，原料包括大蒜、孜然、芫荽、油、柠檬汁、盐等。

早起的鸟儿

文字：吉纳维芙·罗斯（Genevieve Roth）

现在是
早晨8点
**美国
阿拉斯加州**
UTC-09.00

在阿拉斯加，人们会吃早饭。几乎每一天都吃。他们吃玉米片，喝奶昔，吃麦当劳奇怪的香肠鸡蛋“McGriddle”早餐三明治。我可以做证，因为我在阿拉斯加醒来的早晨比我在其他地方要多，而且我把上述所有东西都当过早餐来吃。

阿拉斯加州各地好吃的餐馆都充分利用了这里的丰富资源。安克雷奇市（Anchorage）的雪城咖啡馆（Snow City Café）有一道菜叫船溪本尼迪克蛋（Ship Creek Benedict），里面有两块新鲜三文鱼鱼饼（也许这鱼真的捕自1英里外的船溪），搭配英式松饼、荷兰酱[1]和水煮荷包蛋。在格德伍德市（Girdwood）的贝克餐厅（Bake Shop），你可以点到用酸面酵头（sourdough starter）做的美式松饼，他们从1963年就开始这么做了（配方来自一位掘金者）。大多数体面的餐厅会让你选择要不要在蛋饼上加一条蟹腿，而我已经很长时间没有遇到过一家餐馆完全不知道该怎么对付驯鹿肉香肠了。

不过这些都不是我专属的阿拉斯加早餐。我的阿拉斯加早餐只能由一个人准备，只能在一条河边吃（河的名字叫亚历山大溪，不过别被这名字所误导——在阿拉斯加，哪怕是小溪也像江河一般广阔），而且只在阵亡将士纪念日的周末供应，那是帝王三文鱼渔猎季节开始后的第一个早晨。

在阿拉斯加是这样制作早餐的。

首先从平底煎锅开始，得用铸铁锅，你能找到的最大号的那种，而且必须经过至少一代人的使用及精心保养——如果你认真的话，锅子的年份就得更久。制作我最爱的阿拉斯加早餐的煎锅有轮胎那么大，从我祖父那传到我叔叔肯特手上。我不记得这只锅在我家里有多久了，但我记得煮东西前给锅上油时，你可以在其中看见自己的脸。

第二步是捕鱼——最好是三文鱼。

肯特是海洋生物学家，也是一位充满热情、孜孜不倦的渔夫。他受雇于政府渔猎部门，工作是确保贪婪的人们不会在河里过度捕捞，可是工作之余他从来不知道如何打发时间。所以，当全家人还在营地里呼呼大睡时，肯特会早早起床，在平底船里待上一整个上午，一手握着鱼竿，注意着水面的动静。我在那条河边和我叔叔一起度过了十二个夏天，直到他去世为止。我也是个喜欢早起的人。这些短途旅行不为其他孩子所知，让我觉得自己很顽皮，同时也感到非常幸运，觉得自己是被精心挑选出来的。我看着他在别人起床前从河里钓出许多条鱼。他可能是世界上最喜欢捕鱼的人，而最让他愤怒的就是有人捕捉比自己应得的分量更多的鱼。

鱼儿上钩后就会被清洗干净，鱼子会被保存起来，用作下一次旅行。去了骨头的鱼片会拿去火上煎。在那时，煎锅早已被放上了火堆；锅子在火里烤得足够久，一切准备就绪。先放入洋葱，然后是黄皮土豆。（如果我告诉你肯特是用一把弯刀切这些蔬菜的，你肯定会觉得我只是为了博人眼球，但事实是：肯特用弯刀切菜。）一旦土豆煎得颜色够深，足够被称为煎土豆后，它们被推到一边，一打鸡蛋——也可能是一打半——被打入锅内空出来的地方，鸡蛋被翻炒，点缀以火里零散溅出的火星。最后加入的是鱼片，这是“三色冰激凌”中的第三条颜色，鱼在锅中不需要停留太长时间，只要两边微焦就行。

早餐准备就绪后，表亲、兄弟、父母都会从各自的帐篷、木屋中走出来，在过滤式咖啡壶里泡上第二轮咖啡，在野餐桌旁找一个座位，看潮汐表，酝酿下一轮捕鱼计划。大家夸赞鱼的鲜美，大口大口吃鸡蛋。煎锅会被一块麂皮抹布擦拭干净，然后收起来，直到第二天一切重新来过。肯特还会是第一个出现在河上的人，捕捉自己应得的那份鱼，并确保大家亦是如此。

1 译者注：荷兰酱即“Hollandaise sauce”，一种蛋黄酱，原料包括蛋黄、黄油、水和柠檬汁等。

Jollibee®
Oxo-biodegradable - 100% environment-friendly bag

带着世棒午餐肉从马尼拉到檀香山

文字：德鲁·雷泽（Drew Lazor）

夏威夷的黎明为你早晨的盛宴带来无穷可能性。你可以缓缓走进一间葡萄牙式面包房，点一份软软的金色葡萄牙甜面包（pao doce），或者去7-11便利店买一份夏威夷午餐肉饭团（musubi）——这是日式御饭团和美式工业食品柜的结晶。但如果你在瓦胡岛（Oahu）上饿了，需要填饱肚子，你可以走进菲律宾最大的连锁快餐店 Jollibee在岛上的三家分店之一。点上一份“早餐之乐”套餐，你就会了解什么是“silog”，这是菲律宾人对全套英式早餐的称呼：蒜香炒饭，一只煎蛋，搭配肉或鱼，再加上各种配菜和调料。

菲律宾人热衷给东西取可爱又奇怪的昵称，尤其是食物。街边的烤鸡脚被称为“阿迪达斯”，因为脚趾很像这品牌标志上的条纹。在各种不同种类的名为“isaw”的烤串中，一种弯弯曲曲的烤猪肠通常被称为“IUD”（T字形子宫避孕器）。切得四四方方的鸡鸭血块被称为“Betamax”录像带[1]（虽然没人知道这个比喻还能维持多久）。

“Silog”是由“sinangag”（炒饭）和“itlog”（鸡蛋）拼成的一个词。以此为基础，你可以把你想要的肉类名字切下一部分放到“silog”前面，就好像吸尘器配件一样。搭配切碎的“tapa”（一种腌制的牛肉产品，有点像牛肉干），就变成了“tapsilog”。加上一块香脆的“daing”（风干咸鱼），就有了“daingsilog”。几条香味扑鼻的猪肉肠“longganisa”？“Longsilog”。

在这个有着7000多座岛屿的国度，到处都有人吃“silog”。它们做起来方便快捷，因为所需的食材对大多数菲律宾人来说都随手可得，而且这些食材本身——盐、脂肪、大蒜、溏心的鸡蛋——有一种基本的吸引力，这在那些胆小鬼的早餐选项里是找不到的（走开，水果酸奶巴菲杯）。另外值得注意的是，这种肉加碳水化合物的攻击就像“zapper”光线枪[2]，最适合用来对付讨人厌的宿醉。

除其在菲律宾海外移民生活中无处不在这一点以外，有关“silog”最有趣的恐怕就是，这样一顿简单的餐饭有力展现了菲律宾复杂的殖民历史。西班牙肉类制品在“silog”中很常见，比如西班牙乔利佐香肠、“longganisa”香肠、“tocino”培根肉，这些都是西班牙对菲律宾群岛将近四百年的统治遗留下的产物。“Bangus”和“adobo”分别是菲律宾人得以自夸的国鱼和国菜，都是“silog”常见的重要组成部分。另外就是美国在1898年至1946年间对当地的控制及强大的军事部署，结果就导致美国的肉类加工食品进入“silog”的轨道（比如“Spamsilog”和“hotsilog”[3]）。早餐应该是展望新的一天的时刻——但吃“silog”时，你却在以一种微小而意外的方式回顾往昔。◆

1 译者注：“Betamax”是索尼公司早年生产的0.75英寸录像带，目前已经停产。

2 译者注：“zapper”光线枪是各种射击类电子游戏中使用的假枪。

3 译者注：“Spamsilog”指加了世棒午餐肉（Spam）；而“hotsilog”指的应该是加了热狗香肠（hot dog）。

在台湾骑单车吃早餐

文字、插图：约什·科克伦（Josh Cochran）

今年六月，我和兄弟丹尼尔以及另外两个朋友一起骑单车环游台湾。我们每天燃烧大约4000卡路里，所以可以尽情品尝这座岛屿上的各种美食。

为了躲避酷热，我们每天很早就出发，但到了早晨5点，汗水就会从我的头上倾泻到单车上。我们通常会一早在7-11便利店停下休息，那里提供非常棒的早餐选择，我们会在那里买：

许多许多水

日式御饭团

POCARI SWEAT

能量饮料

可在微波炉里加热的鸡蛋肉松饭团

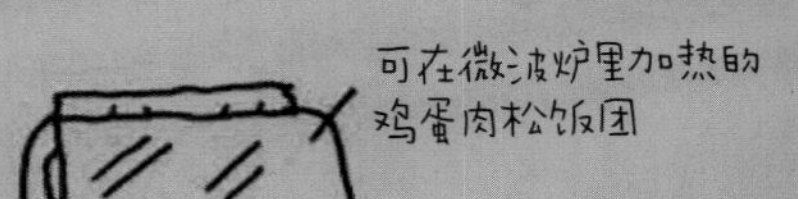

袋装红豆面包

茶叶蛋

所有店里都充满茶叶蛋的浓重气味，让人感到有点恶心。

6月在台湾骑单车糟糕极了。气温高达95华氏度（即35摄氏度），温度有85%。

我最喜欢的台湾早餐是咸豆浆加葱花和碎油条。这就像是碳水化合物炸弹，通常还配有其他的咸味小吃，比如煎萝卜糕、锅贴、咸花生。

世界豆浆大王

Taipei

Hualien City

Doulan

Kaohsiung

单车路径*

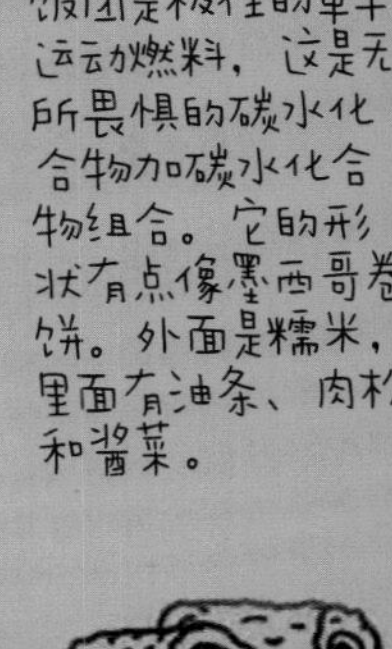

饭团是极佳的单车运动燃料，这是无所畏惧的碳水化合物加碳水化合物组合。它的形状有点像墨西哥卷饼。外面是糯米，里面有油条、肉松和酱菜。

* 在有些地方我们改搭火车，因为我们中某人差点中暑。

如何吃槟榔

槟榔如今不再流行，因为年青一代更有健康意识（槟榔会侵蚀牙齿，令牙齿发黄发黑）。

台湾空调

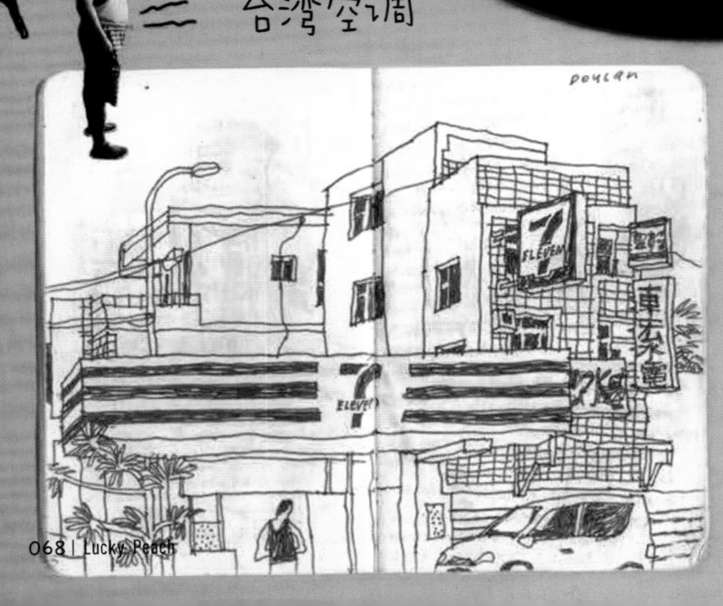

任何食物在台湾都可以成为早餐，无论分量多大、多肥腻或者加了多少猪肉。

即使是通常在中午或晚上吃的火锅，也被我们当成早餐吃过。

火锅很棒，因为你会有一小锅滚烫的汤底，然后你可以把各种食物扔进去。食物从汤底里捞出来后就会变得非常美味！

我祖母会在植物里放鸡蛋壳作为肥料。

大多数公寓门口和阳台上都会有盆栽植物。

永和豆浆大王是最具标志性的经典台湾早餐餐厅（见上图）。我最喜欢那里的烧饼，那是一种在旧式铁炉中烘烤的脆饼。那里的烧饼总是微焦得非常漂亮，带一点烟熏味——对于在热带气温中骑行一天的人来说，那是最棒的开启新的一天的方式。

饭团
豆沙包和叉烧包
小笼包
马拉糕

在早晨的厨房里

文字：玛丽安·布尔（Marian Bull）
插图：哈莉·贝特曼（Hallie Bateman）

教堂山是那种如贺卡一般的大学城，充满了阳光、微笑、木质露台酒吧、适合家庭聚餐的饭店。在这里，居民会告诉你天空永远是卡罗来纳蓝[1]，这证明上帝是北卡罗来纳大学教堂山分校的粉丝。校园精神和对家乡的自豪感融在一起，在每条街角小巷和学校走廊里奔流。每一个人都很亲切。每一个人都关心教堂山分校篮球队，即便有人不关心，他们也会假装关心。

富兰克林街是城里的主街，它把城市一分为二，并与校园北面相接。那条街上有一家装修过的现代风格的麦当劳。开车经过这家店时，你会以为他们有得来速[2]窗口。但如果你真的开过去找，你不会找得到。这座城市从20世纪90年代开始禁止所有餐厅提供

1 译者注：卡罗莱纳蓝是一种浅蓝色，是北卡罗来纳大学教堂山分校的代表色。

2 译者注：得来速即“drive-through”，一种商业服务，指的是顾客可以留在车内获得服务。顾客只需要摇下车窗，通过麦克风或窗户与店员交流。最早出现在美国，常见于餐厅，不过现在也有很多药房、银行、咖啡店提供此服务。

得来速服务，但是日出软烤饼厨房（Sunrise Biscuit Kitchen）餐厅属于爷爷辈的餐厅，是两家免于这项禁令的餐厅之一。

所以在周末早晨，你会发现一大排车停在富兰克林街上，等待与一座白色小屋亲密接触，那里散发着亲切感和早餐软烤饼的气息。车队移动得很快，这里的运作效率高得惊人。当你对着麦克风点完餐后把车开到窗口，你的食物就已经装在袋子里伸出来迎接着你，提着袋子的手接着一只手臂，手臂的主人正对着你微笑。

在这个快餐遭到声讨、站立式工作桌广受欢迎的时代，坐在车里吃东西已经变得落伍。但是坐在车里吃东西能带来某种安静的救赎感，无论你是独自一人还是有人做伴。在车里吃早餐尤其神圣：没有比这更紧急或更具救赎性的了，无论是把我们从自身中拯救出来或是从一个坏决定的糟糕后果中解救出来，还是给我们一点事情好让我们和早晨一同醒来的枕边人一起去做，又或者是在离开家门和上班打卡的固有节奏中加上一拍。

日出厨房最初是一家比萨店。在20世纪70年代，大卫·艾伦和他大学兄弟会的哥儿们在这家已经不复存在的“Pizza to Go”（比萨外卖店）工作，这家店开始在早上利用比萨烤箱做软烤饼。艾伦和他的朋友看到了商机，于是在距离教堂山东北50英里他们上大学的亨德森市（Henderson）找了个地方，在1977年开了家餐馆。八个月后，他们在20英里外的地方开了第二家店。教堂山分店于1983年开张。

最**初的菜单很简单：**涂了黄油的软烤饼，可以选择搭配培根、火腿或香肠。现在，鸡肉切达奶酪烤软饼三明治是必点的菜，里面有新鲜的炸鸡和Glenview农场产的切达奶酪。他们还加了鸡蛋、炸薯饼，甚至羽衣甘蓝，因为这是2015年。他们如今把剩余的软烤饼面团做成大得像熊掌一般的肉桂面包卷。但是软烤饼和优质的服务一直未变。

“做得快一直是我们做生意的重要原则之一，”艾伦说，“我们也因此保留简单的菜单。有些别的地方会提前把食物包好，但那样就很难为每位顾客度身定做。我们所有的食物都是现点现做的。没有事先包好的软烤饼——我们提供热烘烘的软烤饼和热烘烘的肉，蔬菜也是在那一刻才加进去的。从一开始，我们就是现点现做。”

最近，在某一个星期五早晨，艾伦让我在教堂山分店的厨房里随意转上几个小时。我到那儿的时候，漆黑的天空刚开始褪色，我在软烤饼工作台和烤箱之间找了一个最不显眼的角落待着。

琳达正在做软烤饼。她站在一张从窗口底部边缘延伸出来的方形台面前。顾客可以透过窗户看到她在工作，这让他们能亲眼看到软烤饼的制作过程。由真正的人类新鲜烘焙而成！她的形象向我们这样保证着。

一切从一只金属大碗开始，两勺雪花牌自发粉从一只粘满面粉的塑料加仑容器里被舀出倒入碗里。然后是一磅半已经在室温里软化的起酥油，切成片加入面粉。接着是经过琳达细细打量的装在超大只塑料杯里的一夸脱白脱牛奶和半杯水。她戴着手套搅拌所有原料，直到一切混合均匀。湿面团看起来有点像《星球大战》里的赫特人贾巴（Jabba the Hutt）。

琳达在台面上撒上面粉——或者应该说是撒上更多的面粉，因为工作台上一直覆盖着面粉，永远处于工作状态。然后她把面团倒在桌上，开始轻柔地揉压面团，不时加上几杯面粉，继续揉压。她从边缘把面团压进去，但又不过分挤压。不停揉面，折起面团，撒上更多的面粉，揉面，继续折叠几次，直到那团原本满是疙瘩、黏糊糊的东西变得柔滑、毫无裂缝，如枕头般柔软、诱人。她把面团擀薄，用圆形模具把面团切成小块，一一放在烘焙纸上，然后放入烘烤架，最后进入对流式烤箱。她接着一批又一批地制作软烤饼，直到下午早些时候才停止工作。在工作日，日出烤软饼厨房一共能卖出大约两千份饼。在周末，他们可以卖到大约三千份。如果是橄榄球赛季的比赛日，球迷会在场外举行车尾野餐聚会，销量便会再翻三倍。

日出厨房也卖其他制作精良的新鲜食物——鲜美的猪排、结实的鸡蛋奶酪套餐、最适合从包装纸袋里直接吃的油滑香脆的炸薯饼，但是统领全队的是软烤饼。它们松软但没有蛋糕的黏稠感，块头大得刚刚好，盐的分量也刚刚好，表面因为涂了一层人造奶油而闪闪发亮。它们并不会在你口里融化，再次变成面团。它们是抹了橙色奶酪的炸鸡的最佳陪衬。艾伦拒绝把食谱分享给我。这是他祖母的食谱，经过改良后适合批量制作。关键是不要过度揉面，他说，还有必须使用新鲜的白脱牛奶。他的祖母用的是猪油，但他发现起酥油能让面团更浓稠。因为没有黄油的风味和浓郁口感，白脱牛奶的浓烈风味脱颖而出。

高峰时刻到了，车队越来越长。有一些人走进店来——店里有一扇隐蔽的店门和收银员，知道内幕的顾客会停下车走进店里。我是在教堂山分校念大三的时候才发现这个秘密的。

走进店里的顾客之一是李，他是工程师，喜欢日出餐厅是因为那里价廉物美（一份鸡肉切达奶酪软烤饼三明治只要 4.74 美元）。列昂是一名会计，他告诉我他每天都过来点同样的东西，一份鸡肉软烤饼三明治和一杯甜茶。有穿着运动衫、不修边幅的家伙走进店里，也有穿着医院制服的女人在车里点单，还有一辆辆载着热情洋溢的母亲的越野车开过。有一个人看起来像研究生。苏格兰人马特在窗口工作，他身穿一件红黑条纹立领衫，头戴一顶黑帽子，看起来有点像裁判员，他向每个人问好。这里是最能忠实展现教堂山典型人口组成的地方。人人都需要早餐——如果没有早餐，那得有咖啡，如果没有咖啡，那至少得有甜味——只需要一点点，在进入车内的沉默之前，在开启剩下的一天之前。◆

文字、插图：凯尔西·德克（Kelsey Dake）

我对各种食物过敏。

牢骚声 我不能吃麸质、奶制品、蔗糖、酵母、鸡蛋、玉米，或者快乐。

这就导致我不能吃大多数面包，哪怕是不含麸质的面包通常仍含有酵母，所以当我发现自己能吃的华夫饼时，我快乐得都要上天了。它们现在取代了面包在我生命中的地位。除了黄油和糖浆，它们还适合加上各种配料。从加了肉的开放式三明治到甜品，以及其他的各种可能性，华夫饼既适合咸味又适合甜味。

有和我一样的过敏体质？Van's 公司[1] 生产一种冷冻华夫饼。Namaste 公司[2] 生产一种特制华夫饼粉。

再试试：西西里香肠 + 蜂巢蜜。

1 译者注：Van's 是美国一家食品生产商，特色是生产健康食品，包括华夫饼、谷物早餐、饼干等。

2 译者注：Namaste 是美国一家食品生产商，主要生产各类面粉。

为米饭添色

文字、摄影：应德刚

如果星期六晚上打开电饭煲时里面有双份食材，我就能猜到星期日早上会有稀饭（shifan）吃。（直到很久以后我才知道稀饭就是粥。）我爸爸会用隔夜的米饭和水煮湿饭，他不用高汤，所以他做的粥味道很淡。所有的风味都来自于配菜：我总会在碗里把肉松、中式酱菜、皮蛋块还有前一天晚上的剩菜堆得高高的，直到我几乎都舀不到底下的粥。我现在很少吃稀饭，但我仍喜欢在冰箱里放满各种瓶瓶罐罐的调料，以防万一。我妻子不喜欢那样，一直想让我把那些罐子扔了，但我告诉她那样做是种族歧视。不管怎么样，这几页上所有的酱菜都来自我家冰箱，所以谢谢啦，种族歧视者。◆

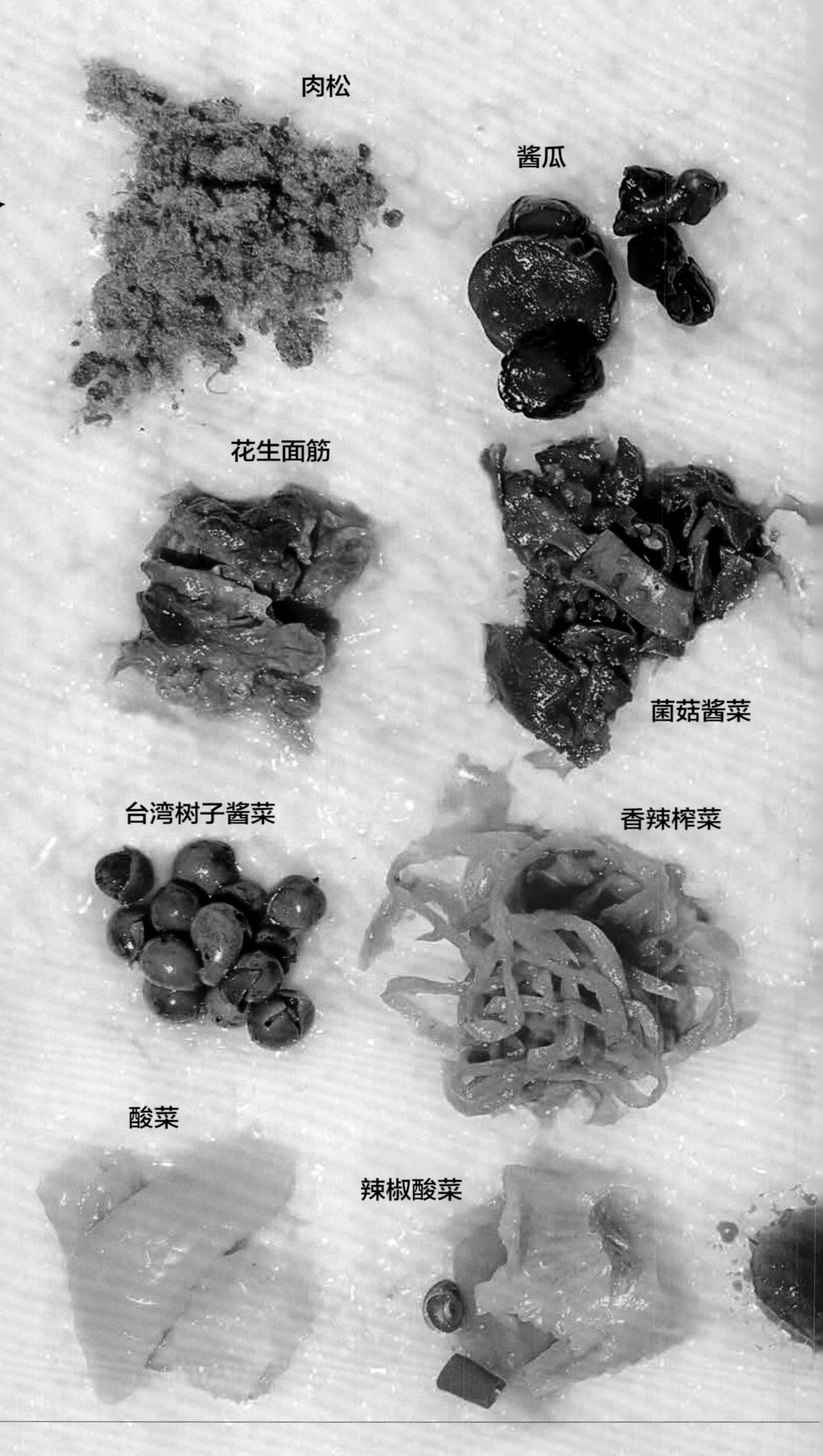

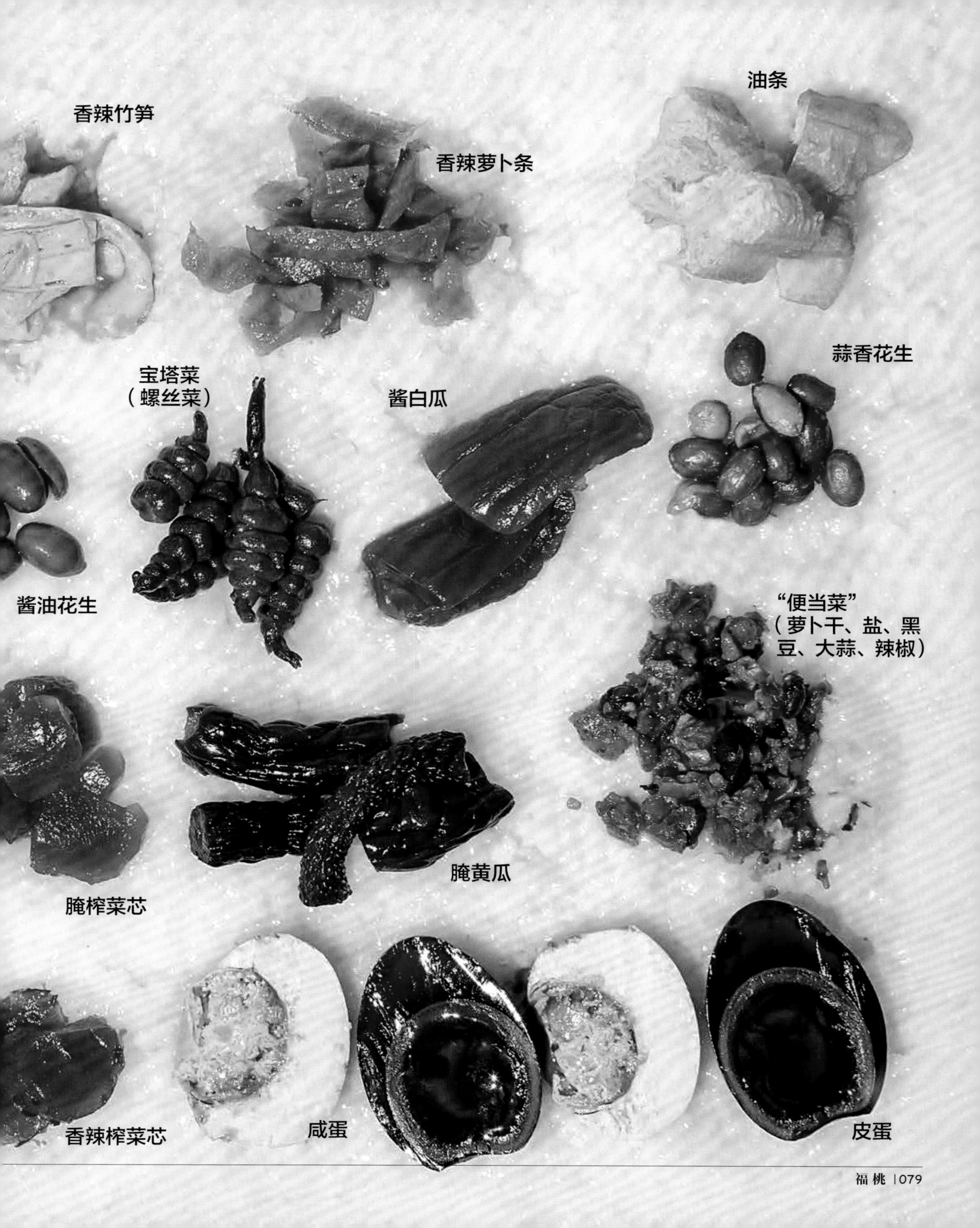
油条
香辣竹笋
香辣萝卜条
蒜香花生
宝塔菜
（螺丝菜）
酱白瓜
酱油花生
“便当菜”
（萝卜干、盐、黑
豆、大蒜、辣椒）
腌黄瓜
腌榨菜芯
香辣榨菜芯
咸蛋
皮蛋

single
RICA

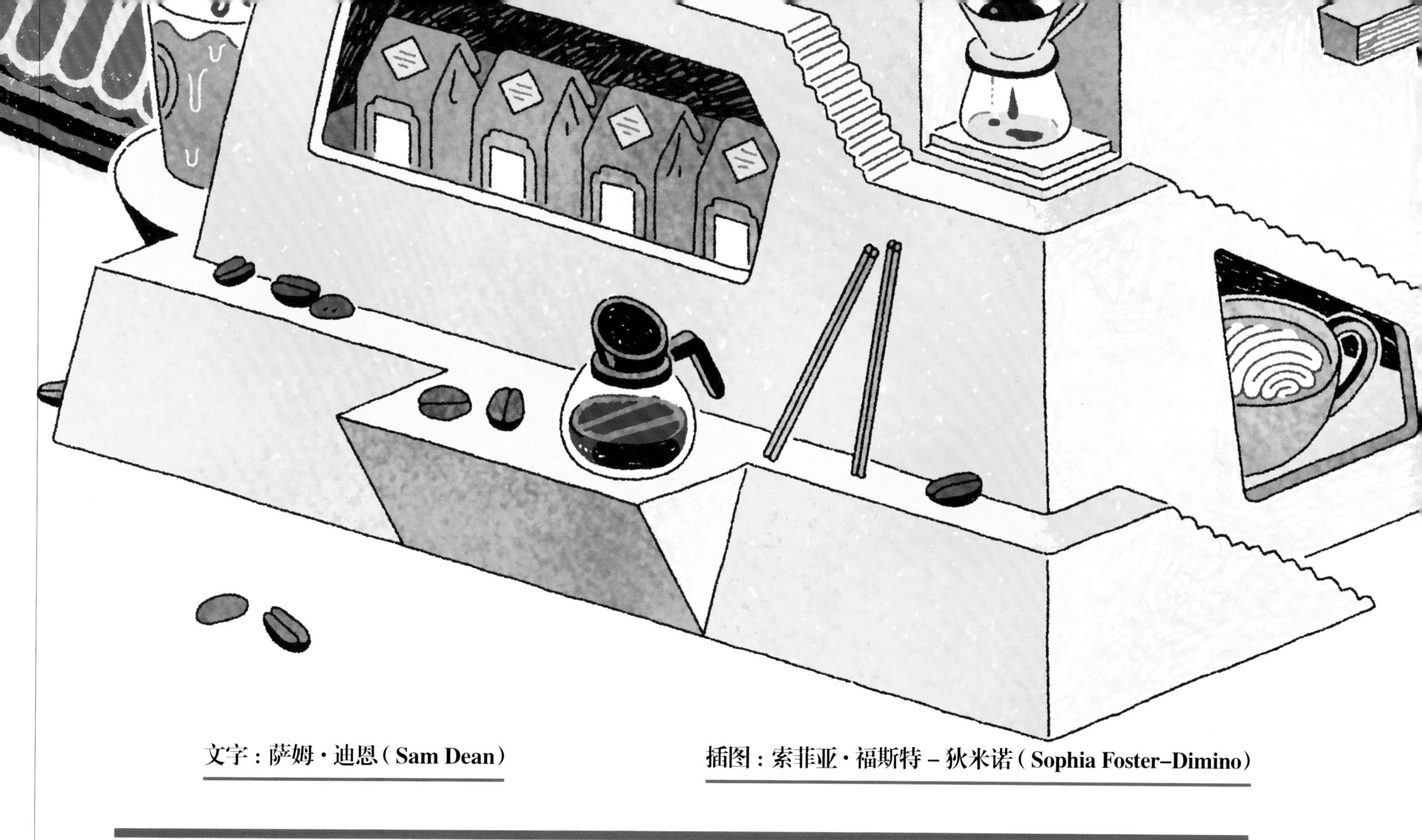

文字：萨姆·迪恩（Sam Dean）

插图：索菲亚·福斯特－狄米诺（Sophia Foster-Dimino）

乔治·豪尔的烘焙咖啡

如果你喜欢咖啡，那很有可能就是因为这个男人。

“萨满巫师是这样炼成的，在孩童时期，别人告诉他各种童话故事：仅仅只是童话故事而已。而这萨满巫师必须捅破面纱，认识到确实还有别的事物存在。于是别人为他呈现一层又一层的故事，他必须捅破这一层又一层的面纱，才能抵达终点。所以，你必须经过一层又一层的大众知识，才能抵达金字塔的顶端。那里的一切完全不同。”

乔治·豪尔告诉我这些的时候，我们坐在一张表面铺有瓷砖的咖啡桌旁，在他位于波士顿远郊的办公室兼仓库和咖啡烘焙坊的一个角落里。他双腿交叉，坐在一张直背柳条椅里，细长的身躯倚靠在椅背上。他身穿纽扣衬衫，塞到卡其裤里，说话带有一口慢吞吞的中大西洋口音[1]，看起来就像是一位在乡村俱乐部受人顶礼膜拜的前外交大使，或者一位正在计划下一场挖掘行动的考古学家。

在他身后，两位员工试图用蛮力把一台全新的三杯量 Marzocco 牌咖啡机塞入一辆稍微有点小的手推车里，另一位员工则在清理用于杯测的桌子，他们早上刚用这张桌子品鉴了一批最新的危地马拉咖啡豆；烘焙机在更远的地方不停搅拌，用来储存真空包装绿咖啡豆的工业冷冻柜“嗡嗡”作响；而在前面的办公室里，员工们在为秋天即将在波士顿市中心开张的新咖啡馆制作运营计划。豪尔悠闲地坐在中间，把全世界的时间都给我。七十一岁的他是幕后将军。居住在墨西哥西马德雷山脉的惠乔尔人（Huichol）在其萨满教活动中使用的工具，他解释说，是促使他 1975 年在哈佛广场开第一家咖啡馆的原因之一。

因为在豪尔 1967 年从耶鲁辍学（“当时全世界都在爆炸”），遇到了他未来的妻子劳丽，搬到加州伯克利并拜访了第一家皮爷咖啡（那次拜访永远改变了他对咖啡店的理解）之后；在他尝过了一杯加州湾区摩羯咖啡店（Bay Area Capricorn Coffees） 产的轻度烘焙咖啡（这进一步改变了他对咖啡的理解）之后；但是，在他搬去波士顿成立自己的咖啡公司咖啡连线（Coffee Connection）（在这家公司期间，他发明了星冰乐，在全世界都还在喝不知名的劣质深度烘焙玩意儿的时候就开始推广轻度烘焙咖啡，购买单品咖啡豆）之前；在他于 1994 年把整间公司卖给星巴克，以换取价值 2300 万美金的代码为 SBUX 的星巴克股票之前；在他为联合国担任顾问并且设计了影响力极大的“卓越杯”（Cup of Excellence）项目（这个项目寻找并奖赏世界上最优质的小型咖啡种植者）之前；在他 2000 年后重回咖啡烘焙业和零售业（因为第三波咖啡文化浪潮开始兴起，而其中的价值观和审美观正是他在过去二十年里所竭力推崇的）之前——在那个摇摇晃晃的转折点上，在豪尔和他献给咖啡的一生之间，还有许许多多层面纱。当时，他把注意力都集中在惠乔尔人那迷幻的纱线画的美和力量之上，在遥远的墨西哥山间，惠乔尔人正是使用那些画来进行萨满宗教活动的。

那不能算真正的画，他解释道，其实就是一块涂满蜂蜡的正方形或长方形木板，艺术家用拇指把各种长度的荧光色纱线压在木板上，创造出不同的场景，用以描绘他们宗教中的重要故事和主题，比如“捕捉蓝鹿”。最棒的那幅画是我后来在他家客厅里看到的一幅，如果没有那幅画，那只不过是一间有品位但中规中矩的客厅，位于有品位但中规中矩的波士顿郊区贝尔蒙特市，但那幅画让你的眼球为之震动，就好像它们刚舔了电池一般。

豪尔从伯克利搬回新英格兰不是为了开咖啡店——他和怀孕的劳丽以

及当时的两个孩子驾车前往东部，一路上在 HoJo 连锁旅馆用餐时，乔治疯狂地研磨自己的咖啡豆，用法式滤压壶为全家泡咖啡，他的目标是让原住民宗教纱线艺术能在纽约现代艺术馆以及耶鲁和哈佛的美术馆展览，同时自己从大学正式毕业。

上述目标没有一个最终实现。一系列艺术学者和博物馆副馆长“被这艺术震惊”，他说，但接着，每一次，他们保守的上司或者有权有势的人脉都会断然拒绝举办一场重大展览。正是在这不断被拒绝的充满无常的日子里，豪尔一家萌发了开咖啡馆的念头，不仅为了挽救当地糟糕的咖啡业，同时也可以——啊，灵光一现——用来展示惠乔尔艺术。

尽管纱线艺术从第一天开始就被挂在墙上，但咖啡很快占据了主导。豪尔爬上布满面纱的金字塔，开启了他的漫漫征途，他刺穿一层层面纱，了解杯子、冲泡、烘焙、豆子以外的东西。在他四十年的职业生涯中，他变成了咖啡界的萨满巫师。在第三波咖啡文化浪潮的生产商眼里，他是一位注重产地、推崇轻度烘焙的先知，他会做三个小时的 PPT（演示文稿）演讲，详细讲解生产过程中的每一层面，他还是业内罕见的婴儿潮一代[2]，当乔治开第一家店时，业内大多数人不是还在上小学就是还未出生。和他一起工作过的人，或者看过他演讲的人，或者在埃塞俄比亚或危地马拉（“在原产地”，用咖啡世界的语言来说）偶遇过他的人，都会谈到他的热情、品味、好奇心，以及他对咖啡制作过程明确的看法。不过，他们主要谈的还是他那实际又神秘的信念，他坚信这世上存在关于咖啡更高层的真相，而我们

1 译者注：中大西洋口音即“Mid-Atlantic Accent”，一种介于英音和美音之间的后天习得的口音，拥有这种口音的人给人以受过良好教育的上层精英的印象。

2 译者注：美国婴儿潮一代指的是出生于 1946 年至 1964 年间的人，当时大约有 7830 万婴儿出生。

可以研究出方法获取那真相。

“我认为，他相信最纯粹的那一刻发生在咖啡豆被采摘前的一秒，”彼得·基乌利亚诺（Peter Giuliano）说，他是“反文化”（Counter Culture）咖啡公司的前咖啡部总监，现在是美国精品咖啡协会（Specialty Coffee Association of America）的总监。“人的生命中会遇到某一束特别的火花，所有的一切都是为了重新获得那火花。而其他的都是次要的。”

科比·巴尔（Colby Barr）是加州圣塔克鲁兹咖啡烘焙商及零售商“热情咖啡烘焙”（Verve Coffee Roasters）的创始人之一，第一次听说豪尔时，他觉得他就是一个传说，不过后来，他们碰巧在埃塞俄比亚的同一个4x4车队里遇上，一起在灌木丛里露营，围着篝火吃山羊肉。

“我永远都不会忘记那场景，而且所有和乔治一起旅行过的人都知道，如果你和他一起坐在越野车里，你会听到他弯下身子对着一台小型录音机记录自己的想法。那就像是听摩根·弗里曼为某一部纪录片做旁白讲解，他会说‘这农场在海拔2300米高的地方，我们正在做这个那个，有80%的铁比卡豆子（typica），这是他们的制作过程’。因为他非常注重原产地的细节，以及他所做的一切。”

“他就像那种非常酷的成年人，跟孩子讲话时会把对方也当作成年人对待，”基乌利亚诺是这样形容豪尔与年轻很多的第三波咖啡文化从业者相处时的样子。“他会主动联系你，完全不介意年纪、地位或其他任何东西。他永远只专注于学习新东西。”

豪尔和我一起品尝了八种咖啡豆，那是他和女儿珍妮（她是他六个孩子中的一员，也是和他在工作上关系最紧密的一位，他们一起品尝、购买咖啡豆）最近去危地马拉时买回来的，这些豆子经过烘焙、研磨，最终冲泡出来的咖啡放在岩石杯[1]里，在长桌上一字排开，以号码区分。杯测的过程非常有戏剧性，至少乔治和珍妮·豪尔的杯测方式是那样——大声粗暴地喝下咖啡，用神秘的语言来描述咖啡的口味，乔治手里拿着一把热调羹，从一杯跳到另一杯，做出各种手势，大家比赛谁能仅靠品尝就正确辨认出每一种咖啡。

这一次，豪尔有了一个新的理论——他把同一家农场出产的同一批绿咖啡豆筛选分类成三种，使用了一种极度消耗时间的方法，不过他目前不打算透露这种方法。他的假设是，这种极为细致的分类法最终会带来三杯完全不同的咖啡。

这三种咖啡中的一种尝起来就像任何“不怎么样”的咖啡。第二杯从平衡度、酸度、甜度和风味清晰度的标准来说，都是一杯好咖啡，业界就是以此基准来评价咖啡品质的（值得指出的是，这些标准最初是由豪尔制定的）。但是第三杯咖啡好喝得令人难以置信，杯测勺每一次的冲击都在我的舌头上产生磁性效果，无比强大，就像薯片包装袋最底部的碎屑一样。我希望能生活在一口装满了那咖啡的大缸里，我装出一副充满学术兴趣的样子，试图分辨出那是什么口味（“滑榆树？”），其实只是想以此为借口不停喝那咖啡。

不经筛选，这些豆子可能会制造出中等品质的咖啡，或者可能更接近最差的那种口味。豪尔猜测，上等咖啡并不仅仅来自于一个农场某一年的收成，而是有更加细致的区别：一目了然就能辨别出的单个珍宝，可能每一袋咖啡里都有。第三杯咖啡之所以美味，是因为种植咖啡豆的农民，采摘并清洗成熟咖啡果实的工人，生产这种豆子的咖啡树种，甚至农场本身——泥土、海拔、去年12月初那下了整整一个星期的雨。不过，那也体现了烘焙师本身的品味和直觉。当豪尔宣布这杯咖啡是杰作时，他脸上带有一种鬼鬼祟祟的轻笑，就好像你新认识的最好的朋友给你看他最喜欢的电影，而他心里很明白你也会喜欢那电影。

现在是精品咖啡的繁荣时期。你可以在不少美国小镇上买到昂贵的当地烘焙的埃塞俄比亚咖啡豆，每一座大城市新近经历士绅化的小区里现在都至少有一家提供手冲单品咖啡的咖啡店，以及一家开在某条人工河旁的某个棕色工业区里的小型烘焙商。

几年前，Stumptown[2]公司筹得了一大笔私募资金，用以资助新的烘焙坊和商店，以及进一步在全国各地的精致杂货店和全食超市（Whole Foods）里销售他们的瓶装冷萃咖啡。今年，蓝瓶咖啡募集了7000万美元的风投资金，远高于他们前一年募得的4570万美元。在他2011年给《时尚先生》（*Esquire*）杂志写的专栏里，La Colombe[3]公司的创始人之一托德·卡迈克尔（Todd Carmichael）写了一篇自夸自得的长篇大论，抨击Stumptown公司接受外来投资的行为；然后，在2014年，他自己募集了2850万美元的投资。作为第三波浪潮里的早期弄潮儿，"反文化"咖啡虽然还未投身金钱的游泳池，但仍在持续扩张。

豪尔在牛顿维尔镇（Newtonville）的一座小广场上有一家咖啡店，在波士顿一栋新建的销售当地产品的市集里有一间铺子，然后还有他的烘焙坊和办公室。他花了四到五年，直到最近才敲定即将在市中心一间经过重新装修的酒店里开一家惹人注目的门店。在第三波浪潮兴起之前，他就已经是第三波浪潮本身了——那么，为什么他现在反而不参与这竞争了呢？

"我曾经那么做过，"他回答说，"不过我现在可不打算重回那条八车道的高速公路。那太疯狂了。"

而且，他讨厌这种流行风尚中的不少元素——特别是冷萃咖啡。

"那就是狗屎。你可以直接引用我的话。"

在商界摸爬滚打的几十年帮助豪尔调节好了自己对狗屎产品的测量仪。1975年，当豪尔和妻子决定在哈佛广场开第一家咖啡连线时，他们遇到了各式各样的狗屎。

"我们开始在黄页里寻找烘焙商，因为我们想要新鲜烘焙的咖啡，我们找到一家在新罕布什尔州的店，他们声称只做精品咖啡什么的，一些有的没的，于是我们打电话给那家伙，"豪尔说，"他来到我们的公寓，带着三袋咖啡豆。一袋产自巴西，一袋产自哥伦比亚，最后一袋产自某个中美洲国家——他说，哪个国家产的不重要。然后他告诉我们，他用一种他称为牙买加蓝山的方法混合这些豆子，另外还有一种叫'肯尼亚AA'的方法，因为它们真的都完全一样——一切都只不过是人们想象出来的。我对自己说，这真见了鬼了。"

豪尔联络了西海岸的一个名叫迈克尔·达·席尔瓦（Michael da Silva）的朋友，他帮豪尔联系上了厄娜·克努特森（Erna Knutsen）。克努特森靠自己的努力，从旧金山一家咖啡进口商B.C. Ireland的秘书做起，然后开始销售少量精品咖啡豆（她最喜欢的是苏门答腊产的曼特宁咖啡），最终完全拥有了整家公司，她同时还经营自己的进口公司，2014年，九十三岁高龄的她正式退休。

"没有人像她那样，"豪尔说，"哪怕在她八十多岁，其他进口商和烘焙商开始进入市场的时候。他们会有这样或那样的苏门答腊咖啡豆，但如果你拿那些豆子和她的豆子一起品尝比较，你就会发现它们根本无法相提并论。"

一旦确定下了咖啡豆的来源，豪尔便在往北距离哈佛广场15英里的伯灵顿（Burlington）成立了烘焙坊，他每周在那里烘焙两次，都是在半夜烘焙，然后开车带着这些豆子去总店（以及后来他们新开的其他分店），以便赶在早高峰之前把咖啡豆送到店里。从那时起，豪尔的任务就是研发出各种方式告诉顾客——高品质的咖啡并非他们的想象。

"一开始，我把咖啡装在Bunn公司生产的不锈钢咖啡鼎里，但我开始思忖，如何可以让人们尝到这咖啡？得用法式滤压壶。所以，我们是最早开始做咖啡吧台的店——吧台就是一张大楼业主给我们的大理石长台，我们卖的所有咖啡都装在罐子里，一字排开摆在台面上，你可以说'请给我泡一杯那种咖啡'，然后我们就会当场用法式滤压壶给你做咖啡。"

那种方法深受大家喜爱。

哈佛广场店开张后没多久，刚翻新的波士顿法纳尔市集（Faneuil Hall Marketplace）的运营者找到了豪尔，

1 译者注：岩石杯即"rock glass"，一种较矮的玻璃杯，通常用来饮用加冰威士忌酒。

2 译者注：Stumptown源自美国俄勒冈州波特兰市的咖啡烘焙及零售商，1999年成立，是第三波咖啡文化浪潮的领军企业之一，目前已被皮爷咖啡收购，在波特兰市及其他不少美国大城市都有咖啡馆。

3 译者注：La Colombe是源自美国费城的咖啡烘焙及零售商，1994年成立，是第三波咖啡文化浪潮的领军企业之一，目前在费城及其他不少美国大城市都有咖啡馆。

希望他在市集里开一家店铺。当市集从卖农产品转变成卖熟食后，咖啡连线的小铺子也开始卖起一杯杯咖啡，而不是直接从桶里卖咖啡豆。“那就是棵摇钱树，”豪尔说。

“接着发生的就是我所谓的投机增长。你会驾车经过诸如列克星敦（Lexington）或者牛顿（Newton）那样显然非常繁华的城镇，然后你会发现在一个位置极佳的空间门口挂着‘店面出租’的牌子，于是你就决定租下那地方。”

在接下来的十多年里，豪尔每几年就会新开一家咖啡连线，他的店逐渐占领了以 128 号公路为界的波士顿城郊，销售了大批咖啡连线的旅行杯，这些杯子迄今都还在马萨诸塞州诸多不知名的橱柜角落里出现。

然后到了 1988 年，两种交替的未来开始显露。在一边，在美人鱼标志的阴影下，他看见了金钱、增长和星冰乐，那是一场争夺美国深度烘焙爱好者的会战。在另一边，他看见热带山坡上成熟的红色咖啡果实，哥斯达黎加、埃塞俄比亚、布隆迪的地形图，杯测咖啡，清洗槽，干燥架——制造完美的可能性。两种未来都会发生。不过，首先得有星冰乐。

1988 年，霍华德·舒尔茨（Howard Shultz）已经接管了星巴克，在西雅图、芝加哥和温哥华开了 33 家分店，并开始放眼全国。

“我当时了解到，那是第一家专业咖啡馆，”豪尔是这样评价星巴克的。“如果要比服务的效率和亲切度，他们远凌驾于我们之上，”星巴克的前台有训练有素的员工和浓缩咖啡机，这样咖啡师就能一边制作咖啡一边和顾客攀谈。

豪尔去西雅图与舒尔茨会面，舒尔茨当时有兴趣收购咖啡连线，用来进入波士顿市场。豪尔那时还没准备好要出售公司，虽然星巴克会在他将来的人生里起到重要作用，这场旅途在当时却对他的咖啡生涯产生了更直接的影响。在西雅图的时候，他去了 Terrefazione Italia 咖啡馆[1]，喝到了一杯他之前读到过但从未尝过的饮料：冰卡布奇诺。

浓缩咖啡雪泥（espresso granita）自古以来都是意大利咖啡文化中的一部分，传统雪泥顶部会加上打发的奶油。“从我的角度来说，（冰咖啡饮料

杯测

“杯测”是一套系统的正式评价咖啡的方法。美国精品咖啡协会提供的官方标准让杯测看起来就和普通天主教徒看复杂的拉丁文仪式一样，而且要比发射宇宙火箭还精准得多。不过，如果把这过程像简笔人物画那样简化，杯测大约是这样的：

● 先闻一闻放在一只小玻璃杯里的新鲜研磨出的咖啡，记录在评分表上。

● 把热水倒入装有咖啡粉的杯中，静置 3 分钟，然后拨开漂浮在表面的物质（它们被称为“crust”，即外壳），按照指示搅拌入杯中。继续闻香气，做记录。

● 等待几分钟，当咖啡冷却至比洗澡水要热但比加油站咖啡要凉的时候，用调羹大口喝下咖啡。咖啡应该被“吸入”口中，那意味着你必须大声吸食，同时在嘴里吸入空气，咻咻作响。这看起来和听起来都很蠢，但真的能帮助你完全尝到咖啡的味道。做下记录，再以这种吸食的方式喝下几口咖啡。继续记录。

记笔记的评分表上会提示你思考香气、香味、回味，以及咖啡其他各种不同的方面。如果你参加一场由咖啡烘焙师举办的杯测，在整个过程中，他们会指导你去关注咖啡品尝体验中不同的方面。如果你是在家里为了好玩做杯测，你应该已经熟悉这个过程，因为你是个咖啡迷，你也不需要我告诉你任何东西。

——彼得·米汉

的盛行）得归功于特德·灵格尔（Ted Lingle），他是美国精品咖啡协会多年的执行总监，大约在1983年或者1984年的时候，他开始在文章里写道，咖啡馆可以在夏天靠做冰卡布奇诺赚钱。”豪尔说。

在1984年洛杉矶奥运会期间，灵格尔在小推车里卖咖啡雪泥，从那以后这种饮料开始向北方传播。到了20世纪80年代末，它成了咖啡馆菜单上的常客。豪尔买了一台二手雪泥机，开始研究配方。他请一位名叫安德鲁·弗兰克的星级雇员随意调节配方。“我对物理一点概念都没有，”豪尔说，“但他发现，糖的含量决定了成品是口感顺滑还是充满结晶。然后，精通市场营销的他想出了‘Frappuccino[2]’这个名字，”——“frappe”在新英格兰地区特指奶昔，加上“cappuccino”（即卡布奇诺咖啡）——“他一把那名字说出口，大家就都同意了——无比完美。”

1992年夏天，豪尔在咖啡连线的菜单上首次推出了星冰乐。他放弃了难以掌控的雪泥机，改用冰雪皇后（DQ）级的软冰激凌机，于是，这种冰冻咖啡奶昔卖得比吉米·巴菲特演唱会上的草莓玛格丽特鸡尾酒还快。“为了做你所热爱的事业，为了生产上等的咖啡，你必须得有现金。星冰乐为这铺好了道路。无论有没有星巴克，我都能大赚一笔。”

到了1994年，舒尔茨两度提出要收购咖啡连线，但豪尔不为所动。

“我们知道他们最终会财大气粗地进入这里的市场，一切只是时间问题，”豪尔说。他为咖啡连线招募了理事会，寻求风投资金，一年里开了12家分店，把他在波士顿的咖啡领地翻了一倍。但是同一年星巴克在华盛顿特区开了12家分店，总共拥有超过400家分店。

快速扩张给豪尔造成了不少损失。“我意识到我犯了更多的错误，”他说，“风投资本的道路并不……我不喜欢那条路。它把你抬上顶峰，但那样你就很难坚持最初的使命。”

1994年3月，舒尔茨终于给豪尔报了一个他能接受的提议——他会在接下来两年里继续使用咖啡连线这个店名，继续运作烘焙坊，并且雇用豪尔为咖啡顾问。豪尔卖了整间公司，换取价值2300万美元的星巴克股票，

1 译者注：这是一家位于西雅图的咖啡烘焙商及连锁咖啡馆，成立于1986年，星巴克在2003年收购了这家公司，并在2005年关闭了其名下所有分店（包括咖啡馆及零售商店），现在“Torrefazione Italia”成为星巴克销售的高端咖啡豆品牌之一。

2 译者注：“Frappuccino”即星冰乐的英文名，音译为“法布奇诺”。

签署了竞业限制合同，七年里不涉足咖啡烘焙及零售业。1996年，星巴克将豪尔的店彻底改头换面，咖啡连线变成了历史。

根据舒尔茨的自传《将心注入》(*Pour Your Heart Into It*)，到了1996年夏天，星冰乐已成为星巴克“遥遥领先的明星产品”，推出后第一年的销量就高达5200万美元。星巴克和百事可乐公司合作，在那一年下半年推出了瓶装星冰乐。在2011年，根据《福布斯》杂志预计，诞生于波士顿的星冰乐品牌价值20亿美元。

据乔治讲述，在20世纪60年代，当他还是个少年时，他居住在墨西哥城圣安琪区(San Angel)，因为他父亲继承了一家塑料制造公司，于是举家从新泽西城郊搬到了那里。他会骑自行车从家门口出发，经过蜿蜒的山丘，从殖民区的鹅卵石街道往上爬升4000英尺，再经过山顶的一片松树林（树林所在的群山将墨西哥首都与托卢卡城分隔开），一路向西。他年轻的肺腔已经适应了高海拔，他的双腿已经爬过太多次山，所以他能不下车直接一口气骑上坡。他会一路骑到山顶，抵达一间已经废弃的名为“狮子沙漠”(Desierto de los Leones)的加尔默罗会[1]修道院，那里从19世纪初起就是一片苍白的石头废墟，然后他便调转车头，不按刹车，一路猛冲回家。

十六岁的时候，他不再骑自行车。他的膝盖出了问题。“到我十六岁的时候，我每个膝盖至少有过十六次脱臼，最终，我的膝盖垮掉了。这和骑自行车没有关系。是天生的毛病，”他解释道，“我成了实验对象。我因此一年没有上学，我有补课，但那时我开始对音乐产生兴趣，因为我也确实没有别的事情可做，然后我又开始对艺术、书籍、阅读等等产生了兴趣，那就像是一场爆炸。”

咖啡连线被星巴克收购后的第一年，豪尔和家人搬到了他们在韦兰(Wayland)打造的梦想之家，那座城市就在128号公路西边，沿着没有路灯的乡间道路，城市化的波士顿郊区让位给了富裕世家广阔的殖民时代建筑。豪尔确保了设计蓝图里有两间特殊用途的房间：一间在靠近池塘的附屋里——孩子们很喜欢那里，他在那里用Probat牌烘焙机烘焙豆子，并且举行新咖啡的杯测。另一间，“黑房间”，建在主屋的地下室里。我是从珍妮·豪尔那儿第一次听说那间房间的。“它听起来可能很古怪，但其实非常炫酷：房间隔音，墙壁、天花板、沙发、地毯都是黑色。里面有一套无与伦比的环绕音响系统，到处都挂着纱线画——正是以前哈佛广场咖啡连线店里挂的惠乔尔人的艺术作品，配有特殊的灯光装置。它们看起来闪闪发光，仿佛要从墙上走下来一般。”

但是根据乔治解释，那不仅仅是一间奇怪迷幻的音响兼艺术室：“我在那房间里有一台投影仪和一块屏幕，一天中的任何时候我都可以在那里工作，设计我的幻灯片。”那里正是他那长达数小时的咖啡教育PPT（演示文稿）的诞生地，里面用到的照片是他1988年第一次去咖啡原产地以来一直拍的照片，1988年也是他飞去西雅图研究竞争对手的一年。在那些年里，他一边研究星冰乐，募集风投资金，试图阻挡星巴克进入马萨诸塞州市场，但同时，他也一直在解析整个咖啡经济，最初关注单块地区，然后是单片农场，最后是单批咖啡豆。

他已经见识过种植咖啡的农民的生活，认识到更高的海拔似乎能生产出更好的豆子，了解到坏的加工过程和出乎意外的降雨可能会摧毁一年的耕耘，以及这整个系统是如何被操控，以便将农民与烘焙者分隔开来。比如，在肯尼亚，政府为全国生产的所有咖啡举行官方拍卖。

“那确实提升了质量；那是个绝佳的想法，”豪尔说，“但是那制度从内部就开始腐败，所以钱没有能够流入农民手中。”豪尔和美国主要咖啡出口商之一杰瑞米·布洛克(Jeremy Block)合作，举办了一场比赛，用以寻找最棒的肯尼亚咖啡，在这过程中，农民为自己的辛勤劳动换来一大笔金钱，而豪尔和布洛克则能在政府拍卖之前就找到最好的生产商。

布洛克设计出了比赛方案：头等奖5000美元，奖赏给生产最佳咖啡的咖啡合作社（裁判团由咖啡买家和烘焙师构成），奖金中的一部分用来投资基础设施（比如发电机、机器设备等），以确保他们能持续提供高品质咖啡。他还做了一个奖杯，“就像斯坦利杯[2]一样，”获奖的合作社可以一直保留奖杯，直到下一年比赛开始。

与此同时，肯尼亚政府试图说服农民摧毁他们的庄园，开始种植一种抗病品种“Ruiru 11”。“政府和雀巢公司都宣称那没有问题，但那就是狗屎，”豪尔说，“我们告诉农民，看在老天爷的分上，在你们海拔最高的区域，也就是你们种植高品质产品的地方，千万不要种这种新品种。”

肯尼亚政府指控豪尔为利欲熏心的美国人，贿赂咖啡种植者，试图妨碍肯尼亚的经济自由。他在当地遇到的曲折让他意识到支持高品质咖啡是一项有意义的事业，可以把经济自主权放在种植者（以及小型精品咖啡采购商）的手上，而不是以日用商品价格购买咖啡豆的政府和大型咖啡公司。

然后联合国联系了他。在 20 世纪 60 年代，国际咖啡组织在联合国的协助下成立，致力于规范咖啡出口份额及价格，该组织当时正筹划（与另外两个联合国附属的发展组织合作）开展一个名为“精品咖啡计划”的项目，计划在五个咖啡生产国进一步发展高端精品咖啡市场。他们邀请豪尔担任巴西地区的顾问之一。（“我就是那个管质量的家伙。”）

豪尔与一位名为马塞洛·维耶拉（Marcelo Vieira）的农夫合作，开始在巴西咖啡带旅行，试图理解世界上最大的咖啡生产国是如何运作的。他最终开展了两个项目：第一，成立模范农场，把它们当成实验室，用以测试新的种植概念，并教授农夫应该如何应用这些理念；第二个项目则是一场名为“卓越杯”的比赛。实验农场失败了，而“卓越杯”则改变了整个咖啡产业。

“卓越杯”基于豪尔在肯尼亚见过的比赛和拍卖方式。小型农场主递交他们的豆子，评审小组（在最初几年，评审小组的成员大多最终会购买那些咖啡）对这些咖啡进行杯测和排名，然后咖啡豆会参与网上拍卖，世界上所有人都能参与竞价。在当时，那可不算正常。“第一届比赛时，那些农夫觉得我们都疯了，”苏西·斯宾德勒（Susie Spindler）说，她 1999 年和豪尔一起创办了“卓越杯”，直到 2014 年以前，她都一直负责管理比赛。“他们让我们在拍卖开始前就购买那些豆子。但是乔治，因为他声望极高，所以哪怕他只和这比赛沾一点关系，都能大大提高大家对我们的信任度。”

在四年里，巴西区顶级的豆子价格从每磅 2.60 美元跳到了 10.15 美元；十年之后更是上升到 24.05 美元。如果没有这个项目，这些顶级咖啡可能最终会被混入普通的区域综合咖啡，而那些农夫可能就只能以超低的日用商品价格卖那些豆子。就像之前的肯尼亚比赛一样，“卓越杯”把农夫和愿意花更多钱购买更优质咖啡的烘焙商和进口商联系了起来——那些有钱的人能得到他们想要的特殊产品，而拥有这些特殊产品的人则能得到更多的钱。这比赛扩展到了世界各地：尼加拉瓜、卢旺达、布隆迪、洪都拉斯、墨西哥、危地马拉、哥斯达黎加、萨尔瓦多、玻利维亚、哥伦比亚，各地咖啡豆的价格也持续增长。最新的一项研究发现，仅仅在巴西和洪都拉斯，这个项目就为农夫带来了超过 1.6 亿美元的额外收入，而统筹运作只花了 300 万美元。[3]

“卓越杯”早期的成功进一步确认了豪尔的一种感受，而自从靠风投资金疯狂扩张的那些紧张激动的日子以来，他已经很久没有经历过这种感受了：“那是一种企业思维——想要大规模改变事物，可你不能通过那种方式带来改变。但是，一些微小的事物反而可以影响一切。”

豪尔在 2002 年离开了“卓越杯”。在为秘鲁担任咖啡顾问时，他发现自己提出的大多数（如果不是全部的话）官方建议都受到忽略，这削减了他对

1 译者注：加尔默罗会即“Carmelite”，又译为“圣衣会”“迦密会”，天主教托钵修会之一。

2 译者注：斯坦利杯即“Stanely Cup”，成立于 1893 年，是美国国家冰球联盟的最高奖项。

3 作者注：卓越咖啡联盟（Alliance for Coffee Excellence）是目前运作“卓越杯”的伞状组织，2015 年夏天，他们宣布于 2016 年关闭旗下一半的项目，以便更新拍卖界面及管理运作细节，计划改用电子版加权杯测表，不过所有项目应该会在接下来几年回归线上。

原产地政治的热情，而“卓越杯”已经变成了一艘过于庞大的船只，他无法独自掌控。“我无法再产生影响和做出改变，”他说，“如果我说‘走这条路吧’，他们会说‘不’。”

于是，几年后，当他与星巴克的竞业限制合同终于到期后，受到咖啡连线关闭后那些年里他学到的所有东西的鼓舞，他决定再次成立自己的烘焙及零售公司。

重回咖啡业后，他在波士顿舒适的中产郊区列克星敦开了一家名为“Copacafe”的咖啡餐馆。但是，一切并不完全按照计划进行。

咖啡非常棒。蒂姆·温德博（Tim Wendelboe）是咖啡极客中的极客，他最近刚在哥伦比亚购买了一家农场打算自己运营，他把自己的咖啡启蒙归功于豪尔及Copacafe。“第一次品尝他的咖啡时，那可能是我经历过的最好的肯尼亚咖啡体验，”温德博说，“那是在2003年，那是第一杯我真的能尝出黑加仑味的咖啡。我被略微震撼到了。在那之后，我回家开始进行更多杯测，我觉得我稍微能明白口味到底是什么了。”

但是，豪尔说，Copacafe是“一场在错误的地点进行的4000平方英尺的实验”。事情快速升级。豪尔希望店里的食物是他称之为“小块”的那种，有点像迷你塔帕斯小菜，但是菜单很快膨胀成大型塔帕斯。那里的员工，豪尔说，没有接受到良好的训练，尽管温德博及时尝到了好的咖啡，但那里的咖啡很快也不行了。Copacafe不到一年就关门大吉。

豪尔转而投向他的烘焙坊，那原本是他在附近的艾克顿市（Acton）开的店，为Copacafe提供咖啡豆，现在批发销售给其他餐馆和咖啡馆。但是到了2008年，他说：“很明显批发这行不适合我，我也不适合干批发这行。”

质量监控的问题让豪尔抓狂。即使在最好的餐厅，他也发现，他精心寻找、烘焙的咖啡一整晚都被遗忘在Bunn-O-Matic公司生产的咖啡机的加热盘上，在咖啡壶里慢慢死去，又或者在几个月都没清洗的浓缩咖啡机里，在没有经过训练的服务生的手里，变成了糟糕的卡布奇诺。他更喜欢把咖啡豆卖给咖啡馆，但即使在那里，他都永远无法保证咖啡师不玷污他的豆子。

“在他眼里，所有事物、所有人都应该为咖啡服务，”彼得·基乌利亚诺说，“如果有机器能让那过程更方便，那很棒，如果需要依靠人力，也很棒——一切能够避免出差错的方式都可以。”

豪尔并不适合成为那过程中的一部分——他必须是这整个过程。

2012年，豪尔购买了另一家咖啡馆，这一次是在马萨诸塞州的牛顿维尔。豪尔的首席运营官是丽贝卡·菲茨杰拉德（Rebecca Fitzgerald）——她是咖啡连线的老牌粉丝，也是麻省理工商学院的毕业生，她说服了豪尔用自己的名字命名这家咖啡馆，于是便有了乔治·豪尔咖啡。

在咖啡馆的一面墙上，乔治·豪尔所有的咖啡豆都放置在垂直不锈钢料斗里，就像一座专注原产地的管风琴，豪尔认为那是一个“绝佳的”方法，取代现在大多数咖啡店的做法——在架子上放满各种乱七八糟的袋子。他们开始直接把咖啡滴滤进装满不锈钢冰块的杯子里，用这个过程来“解决整个冷萃咖啡的问题”，同时也能更好地保存咖啡里的酸味和花香，尽管那意味着咖啡师必须不停在洗碗机和工业冷库之间不停运送大袋大袋的不锈钢冰块。

牛顿维尔是牛顿市的一座“村庄”，有一个商业中心，其中包括戈登葡萄酒及烈酒店（Gordon's Fine Wines & Liquors），几家小的门店（包括一家星巴克），一家超级市场（它的阴影笼罩着马萨诸塞州Mass Pike[1]公路的六车道）。“这里不是大众关注的中心，所以一开始我可以犯很多错误，”豪尔这么评价这个地点，“你可能会比想象中更快地遗忘很多事情。”

作为那过程的一部分，“我不得不承认我不能仅靠我的味蕾称王称霸，

1 译者注：Mass Pike，全称为“Massachusetts Turnpike”，是马萨诸萨州的一条收费公路。

世界上还有其他有效的方法来真正欣赏咖啡。”

能得出这样的结论对豪尔来说并非易事。“我花了很长一段时间才想明白这点，因为我一直在谈论农夫、农夫、农夫、农夫。好吧，那我最终应该向谁效忠呢？农夫，还是消费者？农夫？消费者？必须得是消费者，不然我就是在骗人。消费者至上，紧随其后的是农夫。”

豪尔相信这一点，和之前的星冰乐一样，转而取悦大众能够资助他做真正感兴趣的事情。无论如何关注原产地、公平经济、优质品牌故事，关键仍是市场，规模就是力量。举个例子，当2000年初开始扩张时，Stumptown公司仗势购买了危地马拉最知名的农场之一El Injerto产的所有精品波旁（Bourbon）咖啡豆。“他们允许我也购买一些，但是，直到有一天，他们说：‘你看，这豆子我们用得超快，我们现在全部都要。’而我只能说：‘谢谢你们之前给我留了一点。’一切就是那样。”

在波士顿公共市场新开一间铺子，以及在波士顿市中心戈弗雷酒店（Godfrey Hotel）新开一家门店，都不能瞬间把豪尔的公司变成Stumptown那样的规模，但是他希望那是一个起点，在将来，乔治·豪尔咖啡店能遍布全国各地，那样他就有平台向大众宣传他的咖啡理念。

他最激动的时刻，是在和我描述波士顿公共市场里那间3000平方英尺大的可以由他任意使用的教学厨房的时候（他和电视节目“美国实验厨房”摄制组共享那间厨房）。“我已经给他们发了我的计划，”他说，“我们想要做三件不同的事情，”包括一堂教授如何使用家用浓缩咖啡机的课程，与市场里其他商贩的合作项目，以及，当然，他的PPT（演示文稿）演讲，他已经把它变成了一门咖啡101课程，其中会包括用来阐释银幕上内容的杯测和品尝。

但是在戈弗雷酒店的门店将是真正的测试：它要么成为像咖啡连线或者Copacafe那样的第三波咖啡文化神殿，要么就可能成为乔治·豪尔咖啡生涯的终结。

在我们聊天的时候，他已经知道那家店最终看起来会是什么样子的：四面都是玻璃，靠近大吧台的地方用软质木材和冷色调瓷砖，后面则用暖色调的材料。右边有两台大型Kees van der Western牌浓缩咖啡机，左边是一台Modbar牌滴滤式咖啡机，旁边还放着一叠法式糕点，顾客可以在那里坐下，点上一杯手冲咖啡——那是豪尔对咖啡连线法式滤压咖啡吧的重现。在角落里有一块献给咖啡豆的神龛和零售区，还有一个带轮子的移动台面，用作品尝咖啡和上课使用，另外还会有一整套Williams-Sonoma牌高档咖啡设备。

豪尔很期待向大家展示什么是他所谓的甜度和清晰度，为什么豆子如果不经过冷冻几个星期后就会变质，为什么——这是另一个经常惹毛他的问题——把咖啡当成季节性产品是“狗屎——我不是食品杂货商，我是红酒商。”在电子菜单牌上，他会展示他最喜欢的农场的照片，希望能够用艾克顿最新烘焙而出的咖啡豆震撼他们的大脑。

因为店里都是玻璃墙，所以可能不会有太多空间展示惠乔尔艺术，但是豪尔坚持至少要在店里放上一棵咖啡树——无论什么品种，只要不会在波士顿市中心十字区（Downtown Crossing）旁的咖啡馆里死掉就行，把这树放在花盆里，那样人们就知道他们在喝的东西其实是植物。（星巴克已经在西雅图的烘焙坊和品尝室里放了一些植物了，但是，管它呢，他说：“他们就像是20世纪50年代的石油大亨，跑到得克萨斯州去修建法式城堡。”）

在吧台后面，或者可能在里屋里，将会有一台工业软冰激凌机，搅动出一款“类似星冰乐的饮料”，用老式的雪泥方法，配上真正的浓缩咖啡（星巴克早就在十几年前换成用浓缩汁做星冰乐了）。

也许，还有可能，即使在这巅峰，在他经历了四十多年的杯测、品闻、美、金钱以及就着Probat牌烘焙机的热度烘烤出一批又一批豆子之后，店里会提供冷萃咖啡。“我可能会卖那玩意儿，”他让步道，“而且我会保证它绝对好喝。”

“但我可不会喝那玩意儿。”◆

半道英式早餐

文字：酒井园子
插图：路易斯·马藏（Luis Mazon）

在我九岁到十四岁期间，我们住在镰仓外祖母石川波津子家隔壁。镰仓靠近海边，在东京以南约 30 英里的地方。外祖母的房子是一座经过修复的神社，有一片铜锈绿的斜屋顶。屋子里所有的东西都是传统日式风格，除了厨房里的烤箱。那是 20 世纪 60 年代，她是镇上为数不多拥有烤箱的人。

外祖母有一套例行程序。她星期一烤面包，星期三进行下午茶仪式，星期五跳“oshimai”舞，星期日去教堂。我最喜欢星期一，因为我可以帮她烤面包。她的特色面包是“英式”白面包：“igirisu pan”[1]。这种面包由一位名为罗伯特·克拉克（Robert Clarke）的英国面包师带入日本，他在 19 世纪 60 年代为少数几个生活在横滨的外国人烤面包。在“二战”之前，大多数日本人的每日饮食中不包括面包，不过我母亲的家族非常“modan”——现代、开放。他们热爱面包。

为了让面包慢慢发酵，外祖母可以等上一整天——那是她的美味面包的秘方。我总会在一只木桶里发现面团，这木桶要么漂浮在柏木浴盆里，要么在被炉底下（被炉是一种日式桌子，上面铺有被子，里面嵌着木炭加热装置）。面团发酵的时候，我们会围坐在被炉旁，在黑白电视机前看传奇武士故事。时不时，外祖母会揭开被子，检查面团。她会让我或者我的兄弟姐妹中的一个帮她用脚揉面——这和我们做乌

1 译者注：“igirisu”即日文里的英国（English），“pan”在这里指面包烤盘。
2 译者注：利摩日即“Limoges”，法国南部城市，以陶瓷和珐琅闻名，可称为法国的景德镇。

冬面的方式一样。然后她会把面团放入几只面包烤盘里，塞进预热好的烤箱。她那通常弥漫着薰香味的屋子很快就会充满香甜的烤面包香。当外祖母从烤箱里取出烤好的面包时，那面包看起来就像一顶大礼帽，而当她切开面包时，表面会发出“啪哩啪哩”的声响，就好像是在对她说话。

我从未见过外祖母做有米饭、味噌汤、烤鱼、酱菜的传统日式早餐。她做的早餐总是西式的，以她的“igirisu pan”制成的吐司为主。她用一把带有胶木把手的旧黄油刀，仔细均匀地把黄油涂抹在面包上，确保不漏掉任何角落。黄油来自于小井岩农场，那是位于岩手县盛冈市最古老的生产黄油的农场。她喜欢果酱，会用当季的水果亲手制作果酱：李子、草莓、柚子。她偏爱大吉岭茶，茶叶会在法国利摩日[2]出产的茶壶里慢慢泡开。茶水会倒入配套的带碟子的利摩日茶杯里。她会问我要不要溏心蛋。她会递给我一块纸质餐巾。我猜想在英国吃早餐可能就是这个样子的。

外祖母的早餐仪式把她西方人的一面带了出来。我的外高祖父赫尔曼·西伯尔（Herman Siber）是一位瑞士丝绸商人，当日本在 19 世纪 70 年代刚对全世界开放港口时，他前往横滨寻找丝绸。在那里，他遇见了一位名叫押尾的艺妓，她来自吉原，那里是江户时代的艺妓集中地——即现在东京的一部分。我的外曾祖父中村二郎是他们的混血私生子，不过这件事一直都是个秘密。当我外祖母二十岁时，一位瑞士来的信使抵达他们家，通知他们赫尔曼的死讯。直到那时，她才知道自己家族的真相：和她一直被告知的不同，押尾不仅仅是他们家的密友，她其实是她的祖母。

在她的一生中，外祖母一直给我讲各种故事，跟我解释同时脚跨两种文化是什么感觉，不过这种由“igirisu pan”制成的早餐吐司对我来说是最好的象征。当外祖母以一百零二岁高龄去世后，我很幸运地继承了她的黄油刀，每次使用那把刀时，我都会想起“igirisu pan”。外祖母直到一百岁，都一直坚持烤面包。◆

沙奎尔番茄炖蛋（SHAQshouka）

谢谢你，沙奎尔·奥尼尔先生

你为我热爱的洛杉矶湖人队效力了八年。你在罚球区是主力，在我心里也是。我不知道你喜不喜欢以色列料理，但是我为你制作了这道超大份沙奎尔番茄炖蛋（SHAQshouka[1]），以表达我对你的感激。为你买东西很困难，但我希望你能喜欢这道菜。食谱来自 Zahav餐厅，就在下两页。

此致

敬礼

应德刚敬上

1 译者注：菜的原名为“SHAQshouka”，可以译为中东番茄炖蛋，NBA（美国职业篮球联赛）篮球明星沙奎尔·奥尼尔的英文名为“Shaquille O'Neal”，所以这篇文章把他的名和菜名拼在一起，成了“SHAQshouka”。

SHAQ
34

中东番茄炖蛋（Shakshouka）

8 人份

我在费城的餐厅 Zahav 是由以色列人奥弗尔·施洛莫（Ofer Shlomo）在 2008 年冬天建造的。当时天气寒冷，我们没有瓦斯，所以他搬来一只巨大的便携式取暖器，把它当成炉子，为员工烹制大份的中东番茄炖蛋。关于中东番茄炖蛋很重要的一点是：你可以往里面加任何食材。传统做法是，把鸡蛋加在炖熟的番茄和辣椒上（这两种食材在以色列全年都有新鲜供应），用文火慢炖鸡蛋，不过以此为基础，你可以随意发挥。有时候，可以给这道菜稍微加上一点糖；其他人则喜欢把这道菜做得极度辛辣。有些人会用炖煮的菠菜来做这道菜。我个人喜欢在中东番茄炖蛋上加芫荽和孜然，有时候还会加一点“merguez”小香肠。以色列料理包含无数种元素——北非的、地中海的、巴尔干半岛的，你可以随心所欲地使用任何一种元素。

如果你在以色列的餐厅里点中东番茄炖蛋吃——Jaffa 餐厅的沙克舒卡博士（Dr. Shakshuka）做得非常好吃——一般上来的都是一人份，但是在家里，你可以做多人份。通常这道菜是在炉子上做，不过必要时用便携式取暖器也可以。

——迈克尔·所罗门诺夫（Michael Solomonov）

原料

1¼ 杯橄榄油

1 只洋葱，切碎（大约 1½ 杯）

2 只红甜椒或青甜椒，切碎

3 瓣大蒜，切片

1 汤匙青柠粉（可选）

3 汤匙红甜椒粉

1 茶匙孜然粉

1 茶匙芫荽粉

1 茶匙犹太盐

4 杯番茄泥

2 茶匙糖

8 颗大鸡蛋

+ 墨西哥辣椒，切成薄片

+ 新鲜芫荽，切碎

1. 取一口能容纳 8 颗鸡蛋的大铸铁锅，倒入一半的橄榄油，用中火加热。（如果没有那么大的铸铁锅，可以用两口锅，把食材平均分成两份。）加入洋葱、甜椒、大蒜、青柠粉（如果有的话）、甜椒粉、孜然、芫荽粉、盐，偶尔搅拌，直到蔬菜软化但还未发黄，大约 10 分钟。加入番茄泥和糖，慢炖至汁水减少三分之一，大约 10 至 20 分钟。搅拌加入剩下的橄榄油。

2. 在锅内打入鸡蛋，平均分布在酱汁里。改成小火，加盖，煮到蛋白凝固，蛋黄呈溏心，大约 5 分钟。撒上墨西哥辣椒和芫荽，直接端锅上桌。

这道食谱改自《ZAHAV：以色列料理的世界》，作者是迈克尔·所罗门诺夫和史蒂文·库克（STEVEN COOK），霍顿·米夫林出版公司（HOUGHTON MIFFLIN HARCOURT）出版。

摄影：凯西·麦克莱伦

给奥尼尔的感谢信：应德刚

纽约百吉饼

在很长一段时间里，纽约都是有关百吉饼话题的起点和终点。人们到这里来，吃百吉饼，然后他们回到自己偏远的家乡，把面包圈成圆圈，还管那玩意儿叫“百吉饼”，纽约人则一脸嘲弄地冷眼旁观他们这些可悲的尝试。

不过老实说，纽约百吉饼在过去几十年里水平不断下降。H&H 百吉饼店[1]早已成为历史。Ess-a-Bagel 餐厅开的第一家店[2]也已经关闭。当然，还有穆雷百吉饼店（Murray's），但是——啊——纽约人自己都开始推崇蒙特利尔和伦敦的洞洞面团了。

对纽约来说，幸运的是，百吉饼工匠们已经开始复兴纽约风格的百吉饼了。梅丽莎·维尔勒（Melissa Weller）在苏豪区（SoHo）的萨德勒餐厅开展这项复兴工程，她店里烘焙出的美味值得特殊关注。詹姆斯·马克（James Mark）在新泽西长大，在纽约接受训练，现在在罗德岛的普罗维登斯（Providence）扎根，开了北方餐厅和北方面包房，他的百吉饼不仅能在德兰西街（Delancey）和艾萨克斯街（Essex）[3]上引人瞩目，他还用一种非常新潮、非常纽约的方式把百吉饼的配菜去犹太化，让它们尝起来就好像同时来自旧世界和新世界。盘点如何改善纽约百吉饼命运时，我们必须算上他的各色涂抹酱。

然后还有罗斯和女儿，在卖了一个多世纪最优质的鱼类早餐配菜后，他们终于……继续卖这些东西。有些事物一直都那么精彩。

---

1 译者注：这家店成立于 1972 年，于 2012 年 1 月关门大吉，关闭之前，它曾是纽约市最大的百吉饼制造商，每天大约生产 8 万只百吉饼。

2 译者注：这家店最早成立于 1976 年，并在 1992 年开了一家分店，2015 年 3 月，第一家店因为租约问题被迫关闭。

3 译者注：这两条相交的街道位于纽约下东区，是纽约犹太人聚集地之一，而百吉饼是传统犹太食品，最初是由犹太移民带到纽约的。

萨德勒餐厅的百吉饼

文字：梅丽莎·维尔勒
摄影：埃里克·梅德斯科尔（Eric Medsker）

萨德勒——既是百吉饼店又是专营百吉饼配菜的餐厅，它在纽约城内里掀起一阵芝麻飓风——店里一片混乱：一座座熏鱼三层塔从你身边"飕飕"经过，饥饿的长龙弯弯曲曲排到街上，服务生和碗碟收拾工构成的部队试图征服拥挤的食客，但往往不能成功。这场风暴的中心是梅丽莎·维尔勒，她是曼哈顿最新的百吉饼师傅。在解释自己如何创造出在她身边制造混乱的百吉饼时，她非常平静，有一种学者的派头。

——莱恩·希利

最初开始在餐饮业工作以前，我一直都想当糕点师，我最早的工作经验之一是在Babbo餐厅，在那里，我意识到自己其实只想烤面包。我买了一本南希·西尔弗顿（Nancy Silverton）的《La Brea面包房的面包》（*Breads from the La Brea Bakery*），自己亲手做了上面的每一款面包。百吉饼的食谱效果特别棒，而且很简单，这让我很吃惊。我会给朋友做百吉饼吃，不过直到我去Per Se餐厅工作以前，我一直没有尝试专业做百吉饼。

在Per Se餐厅，我负责制作星期五的家庭套餐。那工作压力巨大——Per Se餐厅的所有工作都带给人巨大压力。不过，当我取出百吉饼时，大家都惊呆了。用百吉饼做家庭套餐？没门！然而，这道菜成功了。乔纳森·本诺（Jonathan Benno）当时是那里的主厨，他也决定加入进来。他做了犹太面包球汤（matzo-ball soup）和鸡蛋沙拉，于是星期五的Per Se餐厅就变成了一家大型犹太熟食店。消息传了出去，星期五的家庭套餐非常特别，于是托马斯·凯勒（Thomas Keller）[1]来了。我记得自己充满恐惧地看着他拿起我做的一块百吉饼，捏了捏，没说任何话就放了下来。我彻底放心了：他没有找到任何可以批评的地方。当我刚开始做家庭套餐时，大概有四十位顾客来吃。等我走的时候，大约有八十多个人。那是我第一次意识到自己正在做一件对的事。

2013年春天，我收到一个熟人发来的电邮，告诉我杰夫·扎拉尼克（Jeff Zalaznick）［他是重要食品公司Major Food Group的合伙人之一，另外两位是大厨马里奥·卡邦（Mario Carbone）和里奇·托里斯（Rich Torrisi）］可能会对我的百吉饼感兴趣。我给他在苏豪区的公寓送去了一些百吉饼。到夏末的时候，我们已经计划好了要开萨德勒餐厅。

两年之后，我们终于开张了。在这中间，我总算有了足够时间去完全掌握百吉饼的制作过程。我央求纽约城里不同的面包房让我去测试不同的烤箱（我最终决定购买美国制造的旋转鱼牌烤箱）；我尝试使用不同的盐、胡椒、种子组合；最终我认识到，制作伟大百吉饼的关键就在于整个过程中必须严格控制好时间和温度。那就是我学到的东西。

1 译者注：托马斯·凯勒，1955—，美国最知名的大厨之一，他是唯一一位拥有两座米其林三星餐厅的美国厨师，其中一间就是纽约的法式餐厅Per Se。

1 凌晨3点半，我们的货运司机会从位于布鲁克林日落公园的仓库运走生的百吉饼，然后送到位于苏豪区的店里。这时，温度是最关键的因素：整个运输过程中，百吉饼的温度必须控制在华氏40度（约4.4摄氏度）或以下。如果温度过高，面团就会开始发酵。过度发酵会导致百吉饼成品过于松软，吃起来黏成一团，那不是我们追求的效果。

2 第一位烘焙师凌晨4点抵达店里，打开烤箱，在水盆里加上25加仑[1]的水和8盎司的麦芽糖浆。我们试过批量购买麦芽糖浆，因为我们用量很大，但是没有哪种糖浆能与测试食谱时用的艾登（Eden）牌有机麦芽糖浆相媲美。别的糖浆感觉只不过是在玉米糖浆里加了一点麦芽。购买每瓶只有20盎司的麦芽糖浆很贵，但我们别无选择。这糖浆给我们的百吉饼赋予了颜色和光泽。

3 一个小时之后我会到店里，开始煮和烤百吉饼。在这整个过程中，温度和时间是最重要的因素。为了控制好这两者，我们一次只从冷藏库里取出一盘百吉饼。如果这些饼在外面多待一会儿，它们就会开始发酵。

4 从冷藏库里取出后，我们立马把它们倒入水盆里煮30秒。百吉饼之所以成为百吉饼，全靠水煮——它们通过这个过程形成外皮。

5 这些是盐和胡椒味的百吉饼，所以一从水盆里捞出来，我就会给它们的表面撒上盐。然后我会把它们放在铺有粗麻布的木板上，一字排开，一块板上放四块饼。我们把饼表面朝下放在木板上，这样可以先把底部晾干，再翻转过来放入烤箱。如果不那么做，它们就会粘在烤箱上，那样的话我们之后就得把它们刮下来。

我们在饼的表面撒上一种冰岛盐。我希望盐里的矿物质含量比马尔顿盐（Maldon）[2]要高。如果做罂粟籽味、综合口味（everything）[3]或者芝麻味百吉饼，我们会把它们放入装满配料的容器里，这样它们就能裹满配料。我是从苏利文街面包房（Sullivan Street Bakery）学到的这招。

我们把木板推入烤箱，3分钟后，我们停止烤箱的转动，检查百吉饼是否已经烘干。我们通过触碰这些饼来检验——如果仍是黏黏的，它们就还没好。如果干了，我们就把饼从粗麻布上翻下，直接放到烤箱架上，它们会在华氏450度（约合232摄氏度）下烘烤20分钟。

---

1 编者注：加仑，英制容积单位，1加仑合4.54609升。
2 译者注：此即马尔顿盐厂出产的盐，马尔顿盐厂位于英国埃塞克斯（Essex），成立于1882年，使用传统手工制盐法，深受高档餐厅青睐。
3 译者注：综合口味的百吉饼上通常撒有罂粟籽、芝麻、洋葱片、大蒜片、粗盐、胡椒等。

2
3
5

6

6 如果百吉饼胀得圆鼓鼓的，并呈现出金黄色，我就知道它们烤好了。我喜欢百吉饼表面有一层漂亮的外壳——这外壳得够脆，这样咬下去的时候你就能感受到它的存在，但又不能太脆，不然就会碎开。我们让这些饼在木架上晾几分钟，然后插在木棍上叠起来，送到前面的店里。

我会花上几个小时监督这个过程，然后我前往仓库，那里已经开始准备第二天的百吉饼了。

7
8
10
11

7 盐和胡椒味百吉饼的原料很简单：亚瑟王牌兰斯洛特爵士高筋面粉、酵母、麦芽糖浆、我们自制的12小时酸面团酵头，以及粗颗粒胡椒。这是我们唯一不在面团里加糖的百吉饼。其他的百吉饼都加了一点糖来增加甜味，不过在试做盐和胡椒味百吉饼时，我们不小心忘了加糖。发现这个错误的时候，我们已经习惯了没有糖的味道，所以就把食谱保留了下来。使用高筋面粉是因为我们想要有嚼劲的百吉饼。粗颗粒胡椒是我在 Per Se 餐厅制作法式布莉欧甜面包（brioche）时尝试使用的。不过它太辣了，因此不适合在那里使用，但用在这里非常完美：它的颗粒够粗，所以你能尝到黑胡椒的微妙口味，但同时又不会太重，影响其他配菜的口感。

8 在《La Brea 面包房的面包》里，南希·西尔弗顿的百吉饼用酸面团当基底，而我从来没有使用过其他方法做百吉饼。我们的百吉饼不会太酸——酵头只是给整体风味多加了一个层次。另外，在烘焙时，它会在表面形成小气泡，这给百吉饼带来了更多特色，而不仅仅只有光滑闪亮的表面而已。

我们的天然酵母酵头需要12个小时才会成熟，那时酵母才会完全活跃，适合用来做百吉饼。一旦到了那一步，我们就按照比例用它来混合水和新鲜面粉，12个小时之后，那一批面团就准备就绪，可以用作烘焙了——然后我们再开始做下一批酵头。

我们在和面机里加入固体食材、酸面团酵头，以及华氏50度（10摄氏度）的水，以第二档速度揉面3分钟，然后再以第三档速度揉3分钟。再次强调，温度——甚至水温——至关重要：如果过冷，面团会发酵不够，如果过热，则会过度发酵。我们希望和面结束的时候，面团的温度能达到华氏76度（约合24.4摄氏度）。确定最合适的和面时长也是个不断尝试的过程——如果面团和得不够，最终的百吉饼不会有嚼劲，但如果你过度和面，那做成的百吉饼根本无从下口。

9 从和面机里取出面团时，又得和时间作战。我们只有20分钟用来把面团切成小份，擀面，然后在面团过分发酵前送进冷藏库里。

我们的大多数百吉饼都重110克；如果加上配料，我们的洋葱百吉饼、肉桂葡萄干百吉饼和粗裸麦葡萄干百吉饼重125克。这样的重量能让我们的百吉饼适合搭配各种配料，而不会显得分量太大。

10 我用指尖把面团压平成方形，然后紧紧地卷成的条状。必须卷得非常紧——这就是为什么我们的百吉饼会那么圆。如果你卷的时候没有使用合适的力道，百吉饼在烘烤时就会变得扁平。

为了确保卷的时候力道足够，我会用手掌把面团卷成8英寸长。

11 我用卷成条状的面团包住手，用掌心把两段捏在一起，然后在台面上揉搓捏合处，确保已经粘牢。

12 百吉饼被放到木板上，表面撒上黑麦粉，飞速送入冷藏库里，它们将在那里降温到华氏40度（约合零下15.6摄氏度），直到货运司机凌晨3点半将它们取走，然后整个过程再次从头来过。

罗斯和女儿

文字：尼基·罗斯·费德曼

组约声称百吉饼配菜（appetizing）是其独特的发明。这是东欧犹太移民为自己发明的，因为他们不是忙着去犹太教堂就是在工作，所以需要可以直接吃的食物——他们会有“forshpayz”，这在意第绪语里是“开胃菜”（appetizer）的意思。不知不觉间，可能有一位说意第绪语的人错把这个词说成了“appetizing”，而这个名字就被保留了下来。在犹太传统里，你不会把肉和奶制品混在一起，所以“appetizing”只包括鱼和奶制品——也就是你会搭配百吉饼一起吃的东西。这种美食传统类似熟食店（deli），已经兴盛超过一百年。

大部分犹太移民都很穷，他们最初抵达这个国家时，就是靠这种食物养活自己的，不过现在，百吉饼和“lox”（“lox”来自原始日耳曼语“lakhs”，意思是“三文鱼”）已经超越了其根基。他们不再只是“犹太食物”，而是变成了纽约食物，无数人与之产生紧密联系。它横跨平凡与不平凡：既可以当作星期日的早午餐，也可以在庆祝婚礼或者孩子诞生时吃，甚至还可以在坐七（shivah）[1]时吃。在我们的咖啡馆，你会看到有些人只是过来吃百吉饼和鲱鱼的，而坐在他们旁边的人则吃着半公斤的鱼子酱。这两件事并排发生——那哪一种更纽约呢？

进入罗斯和女儿后，你主要就是和柜台后的切鱼师傅交流。比如，人们总是会进到店里来声称要买腌渍三文鱼，但来来回回问他们几个问题后你才会明白他们真正想要的是什么。如果一个超过一定年纪的顾客走进来，坚定地宣布要买腌渍三文鱼肚（belly lox），我们就不会问太多问题，不过大多数顾客最终会决定要我们生产的七种不同的烟熏三文鱼中的一种。

在百吉饼配菜柜台里，有各种不同口味和质感的鱼类，这其中有太多微妙的区别，不过以下是一些基本信息。

1 译者注：“坐七”是犹太教的丧礼习俗，最亲近的亲人（如父母、兄弟、姐妹、配偶、子女）去世后，要进行为期七天的守丧。

三文鱼

从某种角度来说，当犹太移民刚到纽约时，他们必须随机应变寻找资源——不过，从另一种角度来说，他们拥有了一种新的馈赠。来自太平洋的三文鱼被火车运到东边，于是腌渍三文鱼变得随处可得。我很怀疑我的祖先会在波兰的犹太人聚集村（shtetl）吃三文鱼，不过现在，三文鱼已经是百吉饼配菜中的主角。

腌制（Cured）

GRAVLAX：“Gravlax”指的就是简单的腌制三文鱼——腌制方式是用盐和糖，这在世界各地的文化里都很常见。这提醒了我们这种食物在全球是如此常见。如果你去斯堪的纳维亚半岛，他们会说，这是我们的食物。如果你和任何纽约犹太人提起，他会说：“什么？那是我们的文化。”在罗斯和女儿店里，我们做的版本会在表面加上一层莳萝。

PASTRAMI SALMON：Pastrami-cured salmon 其实就是一种苏格兰三文鱼，腌制时使用 pastrami[1] 调味料——包括胡椒、芥末籽，以及十多种其他香料。

腌渍三文鱼肚：在冰箱广为流传之前，人们吃腌渍三文鱼肚：这是用盐腌制的三文鱼。这正是“坐”在巨大的容器里经火车从西海岸运过来的东西，在整个运输途中，鱼会沐浴在盐水里。对吃腌渍三文鱼肚长大的人来说，别的东西都不对味。它盐味很重，有鲜明的口感。

冷熏（Cold Smoked）

GASPE NOVA：“Gaspe Nova”指的既是能捕捉到这种鱼的地理位置——“Nova Scotia”（加拿大新斯科舍省），同时也是一种烟熏三文鱼的方式。“Gaspe Nova”一般指代一种经过轻微烟熏的三文鱼；当你想到纽约风格的烟熏三文鱼时，你想到的其实就是它。

苏格兰烟熏三文鱼：苏格兰烟熏三文鱼是最完美的中间派：它有迷人的烟熏味，因为富含脂肪，它保留了湿度和丝滑度。切成片后非常漂亮。同时，因为它特有的口感，这种鱼用途很广：非常适合搭配百吉饼吃，也适合做成精致的小点心，以及介于这两者之间的任何东西。

WESTERN NOVA：“Western Nova”与“Gaspe Nova”相比口味更鲜明。这是一种野生帝王三文鱼，更精瘦，富含肌肉。它能吸收更多烟熏味。它的肉质更加紧实。

热熏（Hot Smoked）

KIPPERED SALMON：“Kippered salmon”也就是烤三文鱼，在大约华氏 150 度（约 65.6 摄氏度）的温度下烟熏，这给了它和冷熏三文鱼完全不同的质感。它的质感有点像水煮三文鱼，但是带烟熏味。我们提供竖切的鱼块，而不是像冷熏三文鱼那样切成薄片。

特立独行的鱼

酸味腌制三文鱼（Pickled Lox）：酸味腌制三文鱼是百吉饼配菜中罕为人知或者不为人欣赏的一员，但它绝对是罗斯和女儿店里的支柱。在制作和上菜方式上，它有点像酸鲱鱼（pickled herring）——那是另一个自成一派的配菜世界。我们切下三文鱼的一面，进行腌制，然后切成立方体。上菜的时候可以放在盐水里或者奶油酱里。盐水里通常还放有洋葱，同样很美味。

其他东西

烟熏白鱼（SMOKED WHITEFISH）：

白鱼来自五大湖区，每条鱼一般重 3 磅。热熏的时候它们被挂在钩子上，所以鱼身会被烟雾围绕。最终的成品很湿润，肉质松散，有一股浓浓的烟熏香。卖的时候要么去骨，要么整条鱼一起卖，后者在节日期间非常受欢迎——特别是赎罪日[2]和七鱼盛宴日[3]。在餐桌上看到一整条鱼有一种非常特别的感觉。

另外还有一种烟熏的鱼叫“chub”，人们经常把它和白鱼搞混，但那是五大湖区出产的一种不同的鱼。那种鱼的口味和质感与白鱼类似，但是体型要小一点。

鲟鱼（STURGEON）：我的曾祖父最初给罗斯和女儿起的宣传语之一是“罗斯和女儿：湖鲟里的皇后”，用来纪念他的三个女儿。鲟鱼被认为是最奢华、最具帝王气派的烟熏鱼——鱼子酱就是从这种鱼身上得到的，对很多人而言，吃这种鱼是挥霍，是享乐。如果你试图切一块顶级鲟鱼，它会稍微破碎开来——这正表明了它富含脂肪。

鲟鱼通常不需要搭配别的东西来吃，不过很适合抹上一点黄油，就着一小块黑面包吃。不过真的，直接吃就已经是一种享受了。

银鳕鱼（SABLE）：银鳕鱼是一种相对较小、靠鱼钩钓上的太平洋鱼，和黑鳕鱼属于同一科。做法是在鱼的表面涂抹红甜椒粉和大蒜，然后冷熏。它非常美味，口感柔滑，入口即化。在过去很长一段时间里，人们称银鳕鱼为“穷人的鲟鱼”，因为这是一种不太贵的选择，但是在最近大约二十五年里，银鳕鱼和鲟鱼的价格一直差不太多。

---

1 译者注：“pastrami”通常指一种熏牛肉，或者用同种方式腌制成的其他肉类，如猪肉、羊肉、火鸡肉等。

2 译者注：赎罪日即“Yom Kippur”，是犹太人一年中最重要、最神圣的日子，希伯来历中新年后的第十天。

3 译者注：七鱼盛宴日即“Feast of the Seven Fishes”，是意大利裔美国人庆祝圣诞夜的方式，纽约有大量意大利移民后代。

Western
Nova
Gravlax
烟熏白鱼
Kippered
Salmon
Gaspe
Nova
鲟鱼
苏格兰烟熏三文鱼
腌渍三文鱼肚
Pastrami
Salmon
银鳕鱼

北方面包房

文字：詹姆斯·马克

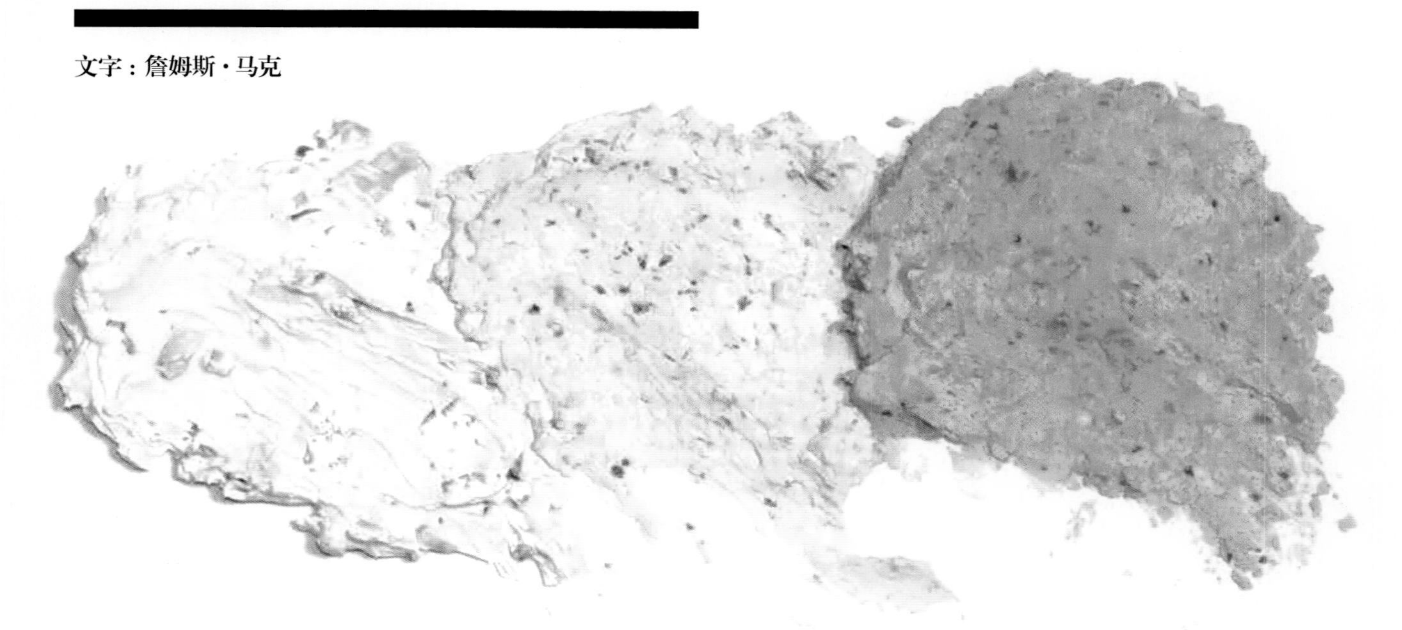

我想要制作一种像油醋汁或者其他乳化的酱料一样的涂抹酱。风味的基调必须更浓烈，不能太温和，因为脂肪会削弱口味。生的大葱、乡村火腿和泡菜本身口味都很重，但是加了黄油或奶油奶酪后，那口味便会收敛很多。

这个简单的原理同样适用于烟熏三文鱼或者蓝鱼，红辣椒或者山葵。有一点酸度也很有必要——我喜欢高品质的雪莉醋[1]，因为它很适合搭配奶制品里的甜味。但是甜味的奶油奶酪涂抹酱就是狗屎。如果你早上需要吃糖，就去吃玛芬蛋糕好了。

以下是我们在北方面包房提供的三种涂抹酱。

1 译者注：雪莉醋即“sherry vinegar”，一种源自西班牙的葡萄酒醋。

乡村火腿奶油奶酪酱

2 杯份

Momofuku Ssam Bar 餐厅让我第一次认识了乡村火腿，不过直到读了戴夫·阿诺德（Dave Arnold）的博客《烹饪议题》（*Cooking Issues*）里对这玩意儿的介绍后我才意识到那是最佳的酒吧食物——充满烟熏味，经过发酵，盐味很重，非常有美国特色。虽然自开张以后，我们的菜单改变了不少，但一盘手切的乡村火腿一直留在菜单上。我们开发出的这种涂抹酱可以充分利用切剩的火腿碎。那强大的风味，加上浓厚的奶油奶酪，非常适合搭配早餐百吉饼，这可以算是对烟熏三文鱼涂抹酱的一种回忆和致敬——不过口味更重，也没那么浓的犹太味儿。如果你手边恰好有切剩的乡村火腿，那就太棒了，不过你也可以直接上网去爱德华兹·弗吉尼亚烟熏店（Edwards Virginia Smokehouse）订购火腿碎粒，那是一家位于弗吉尼亚州萨里市（Surry）的乡村火腿制造商。搭配人造蟹肉，这火腿也很适合做炸蟹角。

食材

1/4 杯切碎的乡村火腿

1/4 磅室温奶油奶酪

+ 优质雪莉醋

+ 犹太盐

1 把乡村火腿放在平底锅上，用小火加热直到出油，大约 10—15 分钟。你也可以把火腿放在烤盘里，用烤箱来做这一步。一旦颜色变深（颜色更接近红褐色，而不是褐色），就意味着火腿已经做好了，这时你家里会有一股烟熏猪肉的香味。让火腿降到室温，储存在密封容器里，需要食用时再取出（你可以就一直这么储存着）。

2 给你的立式搅拌机换上搅拌桨，把奶油奶酪放在碗里。一开始缓慢搅拌奶油奶酪（特别是如果你的奶油奶酪还没有升到室温，或者你的房间比较冷的话），慢慢提高速度，直到奶油奶酪被打匀，大约 4 分钟。你还可以把软化的奶油奶酪放在中等大小的碗里，用手持搅拌机打匀。

3 加入煮熟的火腿，记住，火腿加得越多，烟熏味和猪肉味越重，整体口味也更重。重新打开搅拌机，继续搅拌大约1分钟。加入少许雪莉醋，搅拌均匀。尝一下味道，如果需要的话再加醋或盐。放入密封容器，用冰箱储存。

大葱黑胡椒奶油奶酪酱

2 杯份

在牛奶吧（Milk Bar）开张以前，克里斯蒂娜·托西（牛奶吧的所有人兼主厨）和我曾在 Momofuku Ko 餐厅的地下室尝试制作一种类似的涂抹酱。我们会把这酱挤成条状，包在我们开发出来的一种百吉饼面团里，表面裹上综合口味百吉饼的配料，放入烤箱烘焙，用作 Momofuku Ko 餐厅提供的面包。奶油奶酪在高温下的稳定性令人震惊。托西曾试过使用黄油和一系列稳定剂，以防止成品融化破裂，但只有一半的情况能成功。不过，塞了奶油奶酪的百吉饼非常可靠。而且我发现，这个馅料也很适合当成涂抹酱用在普通百吉饼上，我尤其喜欢对食谱进行微调，加入更多的黑胡椒和醋。可能也很适合搭配人造蟹肉包在馄饨皮里。

食材

1/4 磅室温奶油奶酪

6 汤匙葱花

20 转现磨黑胡椒

+ 优质雪莉醋

+ 犹太盐

1 给你的立式搅拌机换上搅拌桨，把奶油奶酪放在碗里。一开始缓慢搅拌奶油奶酪（特别是如果你的奶油奶酪还没有升到室温，或者你的房间比较冷的话），慢慢提高速度，直到奶油奶酪被打匀，大约 4 分钟。你还可以把软化的奶油奶酪放在中等大小的碗里，用手持搅拌机打匀。

2 加入葱花和黑胡椒，持续搅拌至均匀。加入少许雪莉醋，搅拌均匀。尝一下味道，如果需要的话再加醋或盐。放入密封容器，用冰箱储存。

韩国泡菜黄油酱

2 杯份

虽然这世界上最文明、最有文化的人热情拥抱奶油奶酪，但总有些人一心（且错误地）拒绝它带来的享受。那些人可以吃韩国泡菜黄油。我们用素食的方式制作韩国泡菜，避免使用海鲜，因此发酵时间更长，也加了更多韩式辣椒酱。这种打发黄油的荧光橙色总能让我会心一笑，抹一点这黄油在新鲜的百吉饼上是开启新一天的最佳方式——不过它也适合搭配法式长棍面包、牛排、蓝鱼、玉米。

食材

1 杯韩国泡菜（最好是自制的）

1/2 磅室温不加盐黄油

+ 优质雪莉醋

+ 犹太盐

1 把泡菜放在搅拌机里，打至均匀顺滑。取一只超细滤网放在容器开口处，缓慢倒入泡菜糊。静置 30 分钟至几小时。

2 把滤网里的固体舀出放入另一个容器里待用。液体可以用作其他用处，比如搭配生蚝。

3 给你的立式搅拌机换上搅拌桨，把黄油放在碗里。一开始缓慢搅拌黄油（特别是如果你的黄油还没有升到室温，或者你的房间比较冷的话），慢慢提高速度，直到黄油被打匀，大约 4 分钟。你还可以把软化的黄油放在中等大小的碗里，用手持搅拌机打匀。

4 把和面机降低一档速度，缓慢加入泡菜糊。换成高速档继续搅拌，直到黄油乳化。加入少许雪莉醋，搅拌均匀。尝一下味道，如果需要的话再加醋或盐。放入密封容器，用冰箱储存。使用前升至室温。

床和早餐

文字：亚历山大·洛布拉诺（Alexander Lobrano）
插图：仁（Ren）

他的大腿最先引起我的注意。它们被白色氨纶面料紧紧包裹住，就像一对圆鼓鼓的大火腿。我所在的这家小酒馆天花板很低，一切破烂不堪。他走进来的时候，两个房间里的所有人都注意到了他。当然，那是紧身连衣裤的关系，不过一张新面孔的出现总能在布鲁克酒馆的人群里惊起充满希望和性感的涟漪。

我，我当时仍在犹豫该不该再点一杯伏特加汤力水，我也在犹豫自己到底有没有饥渴到要再和那个诺沃克来的火炉修理工共度一晚。他的公寓位于市中心的廉价杂货店楼上，给我一种很恐怖的感觉，因为墙壁上挂着不少耶稣受难像和猎枪。

我刚点上一支新港牌香烟，正在思索如何才能吸引那个健壮结实的金发木匠的注意，一个人突然跟我搭话：“嘿，大学生，你上哪所学校呀？”是那个火腿男。我含糊地报出了我所在的那所“小常春藤”学院的名字，他咧嘴笑了笑，伸出一条纤长、肌肉发达、被白色紧裹的大腿，两腿几乎形成一个直角，我的眼睛落在他那运动短裤角落的印刷体字上：安默斯特学院。我的学校，我们的学校。

于是我们开始聊天。乔尔是纽约市的一名舞蹈演员，目前在西港为朋友看屋子。虽然他很自负，可我竟然开始喜欢起他来。我还是不太能欣赏那紧身连衣裤，不过他很聪明很风趣。

第二天，在稀薄的晨光中，我惊恐地在一堆杂乱的床单里拍打寻找Westclox Baby Ben古董闹钟，前一天晚上我还看见它在床头柜上：上午9点21分。

我感到一阵惊恐，偷偷潜入厨房，打电话给我姐姐，告诉她我在朋友李的家里睡着了，20分钟后会到家，还请她告诉妈妈我没事儿。“哦，好的，”她快速回答道。

我拿起衣服走进浴室，锁上门，快速冲了个澡，计划一洗干净就赶紧溜走。当我从浴室走出来时，乔尔穿着白色紧身连衣裤站在那里。“你可不能像个小偷那样溜走，亚历克。你得和我一起吃早饭。”

“我是很想和你吃早饭，但是我妈得用她的车，所以我现在就得走，”我没有说谎。

“打电话给她，告诉她你一个小时后回家。”

“我恐怕不能那么做。对不起。我真的得走了。“

“你哪儿都走不了，亚历克，因为你的车钥匙在我这儿。对不起，不过没人能这样对我，让我们先一起吃早饭，然后我会让你回家。”

我坐在厨房餐桌旁闷闷不乐，因为遭到拒绝，我既感到生气，又有一种奇怪的刺激兴奋感。他把百吉饼一切为二。“扎巴店里买来的，”他说，我不知道他在说啥。他取出黄油，带有葱花的奶油奶酪和一盘气味刺鼻的深橙色鱼——“烟熏三文鱼”，他补充说道。他猜对了，我的确不知道那是啥。乔尔在一只玻璃水壶里倒入番茄汁和伏特加酒，混入一大勺山葵、几滴塔巴斯科辣椒酱，以及一些别的香料。他递给我人生中第一杯血腥玛丽鸡尾酒。接着，他开始做炒蛋，他还从后门外的某棵植物上剪下一点韭菜，撒在炒蛋上。

除了在烟熏三文鱼的问题上产生一点争执外（乔尔通过羞辱我骗我尝了口这鱼），我们吃饭的时候并没有太多交谈。吃完饭后，他送我到后门，递给我车钥匙。

和经过精心铺排的晚餐不同，也和充满目的性或者出于各种原因不得不快速解决的午餐不同，和爱人一起吃早饭是如此亲密真诚又如此原始的事，非常能揭露真相。辛辛苦苦做了一整晚奇怪的梦之后，早餐的食物正是我们的大脑所需要的，也是我们的身体所需要的，用来为接下来一天的劳动做准备。

在黎明时分，我和陌生人或朋友一起吃过墨西哥早餐蛋饼（huevos rancheros）、埃及煮蚕豆（ful medames）、新鲜撬开的生蚝、松软的摩洛哥可丽饼配阿甘油蜂蜜、土豆玉米片、印度米饼（idli）、港式点心，以及各种不同的粥和玉米糊。正是在做爱之后吃的早餐里，我发现了土耳其咖啡、绿茶、奶酪配燕麦糊、墨西哥卷饼、菲达奶酪、中式粥。

当享乐结束之后，我不再逃跑——一部分是因为我开始意识到自己只不过是在逃离自己，而非其他东西，不过也有一部分是因为我对美食的好奇心。晨光能揭露真相，帮助我们看清在夜幕下遇见的陌生人，不过他们提供给你的早餐更加诚实。◆

黎明的玉米

在这个大家都充满志向选择 DIY（自己动手做）生活方式的时代，我们很容易忘记其实有些事物买来比亲手做更好。当然，我可以尝试在家里做百吉饼、法式牛角面包、法式布莉欧甜面包，或者甜甜圈、越南米粉，或者自制烟熏三文鱼。在一年中某些特殊日子里，我可能会尝试亲手去做，然后洋洋得意，为成品感到快乐自豪。但是，在剩下的那些日子里，我宁愿狼吞虎咽下一块买来的百吉饼，因为那要比我自制的、尝起来和扁面包差不多的百吉饼好吃太多，我也宁愿吃上一块松脆柔软的完美法式牛角面包。因此我会花钱买早餐吃。或者，我会做上一锅面糊。

不管这是好事还是坏事，基本上每一种和玉米面对面的文化都能意识到它的潜能，因为价格便宜，方便种植，玉米非常适合用来填饱肚子。无论是将玉米脱水，磨成粉，还是水煮，它尝起来都真的真的很好吃。面糊是应该在家制作的食物——而且更适合在家制作。我们找了三位生活和烹饪背景都非常不同的大厨，给我们展示他们是如何在早上煮玉米的：芝加哥 Topolobampo 餐厅、Frontera Grill 餐厅和 Xoco 餐厅的里克·贝雷斯（Rick Bayless），田纳西州沃兰市（Walland）黑莓农场度假村的卡西迪·达布尼（Cassidee Dabney），悉尼 Momofuku Seiobo 餐厅的保罗·卡迈尔克（Paul Carmichael）。这三道食谱都非常简单、基础，就像是给成人吃的婴儿食品，能够充当抚慰你、镇定你的能量，帮助你抵挡新的一天那炫目刺人的阳光。

——布莱特·沃肖（Brette Warshaw）

1 *里克·贝雷斯的墨西哥热巧克力玉米浆*（Champurrado）

2 *卡西迪·达布尼的玉米糊*（Grits[1]）

3 *保罗·卡迈尔克玉米粥*（Cornmeal Pap）

关于脱水玉米

人类将玉米脱水、研磨成能填饱肚子的食物的历史已经有上千年。美洲文明早在7500 年以前就种植玉米，而世界上其他地方也已经烹饪玉米长达 500 到 1000 年，这长度取决于你有多相信哥伦布的传说。从那以后，根据玉米的种类、粗细程度、准备方式等，玉米粉以不同的名字散布在全球各地：“cornmeal”“grits”“polenta”，以及其他名字。我们咨询了伊利诺伊州佩卡托妮卡（Pecatonica）哈泽德自由农场（Hazzard Free Farm）[2] 的安德里娅·哈泽德（Andrea Hazzard），以辨别不同玉米粉产品的区别。

CORNMEAL：“Cornmeal”“grits” 和 “polenta” 都由同一种方式制成：在钢制或者石制的磨上研磨干玉米仁。“Cornmeal” 可以磨得非常精细，那样又可以被称为玉米面粉（corn flour），也可以磨得比较粗，用来制成“grits”和“polenta”。工业生产商通常在研磨后再加上一道过滤工序，把面粉和更粗、更富含纤维的麸质以及营养丰富但容易变质的胚芽分开；没有经过太多工业加工的“cornmeal”，比如哈泽德农场生产的，则保留了麸质和胚芽（就像全麦食品那样），这意味着面粉营养更丰富，应该储存在冰箱或者冷冻柜里。

GRITS/POLENTA：“Grits”和“polenta”比玉米面粉磨得更粗。有些人猜想这两者的区别是，“grits”是由马齿形玉米（dent corn）制成，而“polenta”由硬粒型玉米（flint）制成的，但事实是，这两种玉米都有可能用来制作任何一种玉米粉。干的“grits”和“polenta”从外貌和质感上难以分别，在食谱里可以随意替换使用。

MASA HARINA：“Masa harina”是由浸在某种碱性溶液里的玉米制成的（这就是所谓的碱法烹制），先磨成面团（即马萨面团），然后脱水研磨成粉状。在这里列出的所有玉米粉里，这种玉米粉的质地最精细。

——迈克尔·莱特（Michael Light）

1 编者注：“Grits”可以指一种玉米粉，也可以指用这种玉米粉制作的玉米糊。下文直接出现“Grits”时指玉米粉。

2 译者注：“Hazzard”与英文“hazard”（危险）拼法接近，所以这个名字可能是双关，也可以翻译成“无风险农场”。

摄影：嘉伯丽尔·斯塔比尔

里克·贝雷斯的墨西哥热巧克力玉米浆

摄影：里根·巴洛尼（Regan Baroni）

美国大部分人认为墨西哥只不过是一片大海滩，大约90%的美国人会去那片海滩。但是墨西哥70%的土地是山地，一年中有些时候气候非常寒冷。大家会喝玉米浆（atole）取暖——这种加了马萨面团的饮料非常特别，有很好的取暖效果。在墨西哥中部，如果你一大早出门，就会看到人们聚集在卖玉米浆和墨西哥粽的路边摊旁。那是典型的路边摊早餐。

加了巧克力的玉米浆叫热巧克力玉米浆。在墨西哥，巧克力通常被当成饮料；你永远不会看到巧克力做的糖果。所以墨西哥巧克力不需要像欧洲巧克力那样磨得很细或者经过精炼，它不会在你的舌尖融化。可可豆只经过一次研磨，然后混入糖再磨一次，因此你可能会在巧克力粉里咬到粗糖颗粒。是这样的：墨西哥巧克力里含有7%的巧克力和93%的糖分。在我们的世界里，我们常会说，哦，我用58%的巧克力，我用72%的巧克力，因此如果说“我用7%的巧克力”会非常丢人。那里面绝对没有太多手工技艺。所以，如果你打算使用墨西哥巧克力，我只会推荐一家店，就是Taza；他们做的一款墨西哥巧克力真的有70%的巧克力含量，所以有更多的巧克力味。我用可可碎块，你可以在很多食品杂货店里找到。那会给你一种更新鲜的口感，因为你需要自己把它们磨碎。

做热巧克力玉米浆时，每一步都有一种简单的方法和一种复杂的方法。简单的方法是用黄糖、masa harina玉米粉和肉桂（cassia bark，在美国称为“cinnamon”）。复杂的方法是用“piloncillo”——即煮干的甘蔗汁，其中的糖蜜一直得以保留，这和黄糖不一样，黄糖里的糖蜜是后来加进去的——以及新鲜磨成的马萨面团和“canela”，也就是真正的肉桂。我们目标远大，因此我们选择复杂的方法。新鲜磨成的马萨面团里的淀粉成分非常不同；比起重新添加水分的马萨面团，它会给热巧克力玉米浆带来一种丝绒般的口感和更丰富的口味。你可以在任何一家墨西哥超市买到“pilocillo”——它通常放在圆锥形容器里卖，比黄糖多无数种口味。

在做热巧克力玉米浆或者任何玉米浆的时候，有几点需要注意。煮的过程中你必须不停搅拌，不然马萨面团会凝结成一块一块。你还得确保它真的煮开了；如果不那么做的话，最终的成品可能带有一种生的马萨面团的味道。煮开之后，你会得到一杯口味丰富的饮料，里面有玉米、有“piloncillo”，还有一点巧克力味。因为这是一种老式饮料，你得搭配老式的锅子。如果你有奶奶过去煮豆子用的锅，那就最好了。

——里克·贝雷斯

食材

1¾杯水

½杯（4½盎司）新鲜研磨的马萨面团，或者½杯“masa harina”混合¼杯热开水

1/3杯（½盎司）可可碎，或者一块2.7盎司的Taza墨西哥巧克力块，切碎

¼杯（1盎司）切碎的美洲山核桃，经过烘烤

¼茶匙“canela”，或者普通肉桂

大约⅔杯（4盎司）“piloncillo”，切碎，如果使用墨西哥巧克力，就用½杯（3盎司）。

2杯全脂牛奶

½茶匙8香草精

1 把水、马萨面团、可可碎、美洲山核桃、“canela”和“piloncillo”在搅拌机里混合在一起，打碎、搅拌均匀。倒入一只中等平底锅里。

2 加入牛奶，煮沸，不停搅拌。改成中小火慢炖，时常搅拌，直到“piloncillo”完全融化，而玉米浆接近奶油汤的质地，大约5分钟。关火，加入香草精。如果你愿意的话，可以先过滤，然后倒入杯子里。

卡西迪·达布尼的玉米糊

摄影：莎拉·饶（Sarah Rau）

关于南方大家都有一种误解，认为那里的人们一天到晚都在吃玉米糊。我不喜欢自己被某种玉米粉做的食物定义。我可以算是在南方长大，但我们家完全不吃玉米糊—— 我们是吃米饭的家庭。有时候，我们会吃“polenta”做的面糊——我爸爸管那个叫玉米面泥（cornmeal mash）——在里面加上糖蜜和白脱牛奶。我这个南方红脖子直到上了烹饪学校才明白真相。我第一次吃“grits”还是在大学食堂里。

在这份食谱里，我们用的比例是 4 比 1，这是非常经典的比例：两份牛奶，两份鸡汤，一份“grits”。在我们的鸡汤里，我们用同等分量的鸡骨和鸡爪，这样熬出的汤富含胶质。我们喜欢用鸡爪开玩笑，把鸡爪藏在不同地方。我的二厨特雷弗有一天发现他的雨刮器上夹着两只鸡爪。

在花园的棚子里，我们有一台老式玉米脱粒机。我们把玉米粒磨得够粗，以便它们有很好的口感。白玉米和黄玉米都可以；我们甚至还有红色 grits，但它们看起来有点恶心。有些人对玉米的品质非常非常计较，我觉得那很愚蠢。这是如此简单的一种东西，没有必要把它弄得太复杂。

如果你有剩下的玉米糊，你可以学特雷弗的做法。让玉米糊凝固成方块，然后放到冷冻室里过夜。第二天在锅里加上油，等油热得冒泡时，把冷冻玉米糊块刨成超薄的薄片，直接放入油锅。把这些薄片煎到变脆，呈金黄色，然后用厨房用纸沥干。我们把这些薄片和炸鸡皮以及椒盐花生放在一起压碎，用来装点其他菜肴，不过你也可以直接吃。

——卡西迪·达布

食材

2 份全脂牛奶

2 份鸡汤，最好是自制的

+ 犹太盐

1 份“grits”，最好是现磨的

1 取一只大号汤锅，用中火加热牛奶和鸡汤至沸腾。加入一大把盐，然后一边搅拌一边加入“grits”。观察锅子，时常搅拌，直到“grits”开始吸收液体，大约 2—3 分钟。

2 改成小火。继续煮“grits”大约 4—6 小时，取决“grits”的粗细程度和你想要的浓稠度，时常搅拌防止煳底。立即上桌。（我们上菜的时候会搭配烟熏鸡汤、炒番茄和一只水煮荷包蛋。）

BLACKBERRYFARM

保罗·卡迈尔克玉米粥

摄影：弗兰茨·朔伊雷尔（Franz Scheurer）

玉米粥是一种粥，源自把玉米带到加勒比地区的非洲奴隶。我来自巴巴多斯岛，在那里我们把玉米粥当早餐。牙买加人绝对也吃玉米粥，波多黎各人有自己的版本，他们称之为玉米蛋奶糊（cremita de maiz）。

如果按照最基本的方法煮这种粥，你应该先水煮玉米，然后加入蛋奶和糖。剩下的步骤每家每户做法都不同；有些用椰奶和炼乳，有些用月桂叶，有些用香草精。质地也不同：有些人喜欢稠一点的，有些人喜欢非常稀的——这是一种非常个人化的食物。我喜欢把玉米粥熬得非常稠，就像小麦粥或奶油。但是试图拿它和其他食物相比较非常困难，玉米粉的精细度会带来一种独一无二的质地。

这份食谱是我妈妈以前给我做玉米粥时用的，不过我在最后加了一些黄油。你可以以这份食谱为基础，根据你的心情随意更改。你喜欢稀一点？多加点水。觉得不够甜？多加点糖或炼乳。玉米粥没有死板固定的做法——不要想太多。你不是在做法式长棍面包。这只不过是一碗粥！

——保罗·卡迈尔克

食材

1 根香草荚

$2\frac{1}{2}$ 杯水

$\frac{1}{2}$ **杯**“cornmeal”

3 英寸肉桂棒

$\frac{1}{4}$ **茶匙**犹太盐

1 片月桂叶

$\frac{1}{2}$ **杯**椰奶

$\frac{1}{2}$ **杯**淡奶

$\frac{1}{2}$ **杯**炼乳

$\frac{1}{4}$ **茶匙**肉豆蔻粉

1 汤匙黄油（可选）

1 切开香草荚，刮出所有的香草籽。在一只中等大小的碗里加入香草籽和两杯水。

2 在另一只碗里，加入剩下的 $\frac{1}{2}$ 杯水和“cornmeal”，搅拌成糊状。

3 把含有香草籽的水倒入中等大小的锅中。加入肉桂、盐和月桂叶，煮沸。缓慢倒入玉米糊，不停搅拌至均匀。改成小火，不加锅盖，慢炖约 25 分钟，每隔 5 分钟搅拌一次；小心不要煳底。如果需要，加一点水稀释。

4 倒入椰奶、淡奶、炼乳和肉豆蔻。如果你希望玉米粥更甜一点，可以多加一点炼乳。继续慢炖至玉米粥冒小泡，关火。如果使用黄油，一边搅拌一边加入黄油，然后上桌。

住在河边的杰克和吉姆

文字：科林·威尼特（Colin Winnette）
插图：迈克尔·奥利沃（Michael Olivo）

吉姆早上不太吃东西，但我喜欢吃上一条鱼，再开一罐啤酒，因为早饭是你定义自己的机会，也能帮你确定一天的心情。我吃鱼是因为我们俩是住在河边的杰克和吉姆，我们是很棒的渔夫。我在户外吃饭，因为如果你在户外吃饭，你可能会看到老鹰低低飞过河面，老鹰非常强大，而且充满象征意义。

有一天早上我从鱼缸里抓了一条小鱼，像我喜欢的那样把鱼放在烟熏烤炉上。然后我开了一罐啤酒。把鱼彻底烤熟需要一罐啤酒的时间，所以我走到河边喝酒，观看烟雾。那烟雾总是从树林的另一边飘过来，感觉距离非常遥远。自从我们搬过来以后这烟雾就一直存在。

喝完啤酒后，我听见空气里有声响，像是刮大风的声音，这声音让我感到非常快乐，让我庆幸此时此刻自己能活着并且醒着听到这声音。我暗自想到，正是因为生命中有惊喜，那些平常的事情才值得去做。我总是有这样美好的想法。

我把鱼从烟熏烤炉里取出，放在锡制盘子里。我一边吃鱼一边观看烟雾，我看着森林的顶部，好奇吉姆是不是在做梦，如果他在做梦的话那又意味着什么。我拔出每一根小鱼骨头，放在盘子上。这个动作发出轻微的声响，只有鸟儿和我才能听得到。

吃完鱼之后，盘子里都是骨头，这些骨头看起来有点像一堆火。去垃圾堆的路上，我不停看着这些骨头，事实上，它们并非看起来有点像一堆火，它们看起来就是一堆火。吉姆起床了，所以我清空了盘子，所有的骨头都消失在松针里，慢慢腐烂。接着，我们开了两罐啤酒，庆祝新一天的到来。

当我们沿着河边查看捕鱼陷阱时，我试图忘记那些骨头。森林另一边的烟雾正在散去。太阳完全升了起来。

“我讨厌这玩意儿，”吉姆说，一边拉出钩子，上面是空的。

“这真烦人，”我说。

“就是浪费时间，”他说，“我们应该搞一个冷冻柜，就在码头附近捕鱼。反正

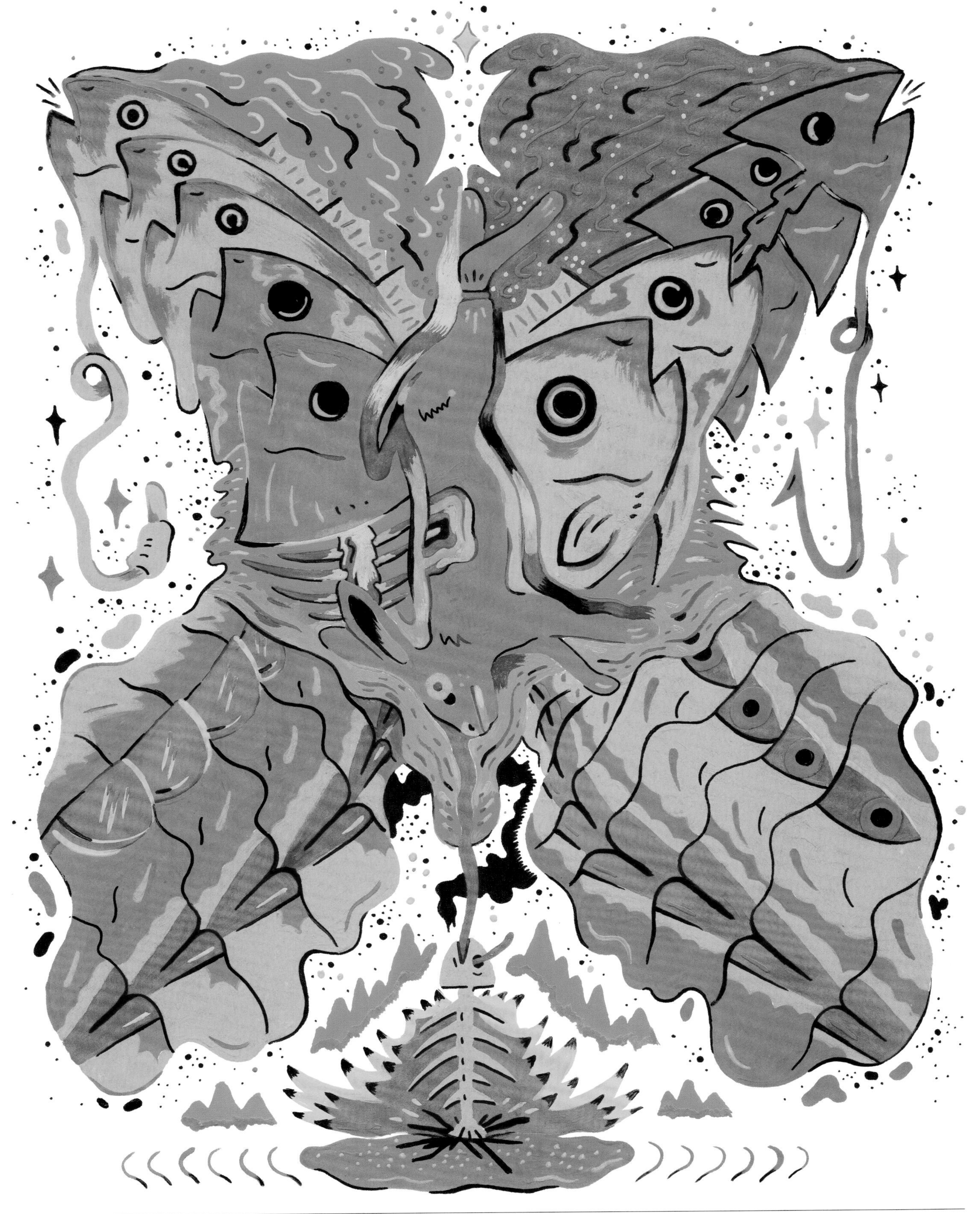

陷阱是给混蛋用的。”

“在这和码头之间，事物才会平均，”我说，“而且这样鱼才会一直保持新鲜。”

“如果有了冷冻柜，我们才不需要在乎新鲜不新鲜呢。”

“如果我们能买得起冷冻柜，”我说。

“如果我们不是一帮买不起冷冻柜的混蛋，”他说。

我蹚水走了几步，翻开一只激浪汽水瓶。线上没有东西，于是我重新布置了陷阱，继续查看下一个。

“对不起，”他说，“我脾气不好，因为我晚上睡不着。”

“昨天晚上很潮湿，”我说，无意间向他投去一根橄榄枝。

“并没有那么潮湿，”他说，“除非你越来越弱了。我就是没法儿连续睡很久。”

“你做梦了吗？”我说。

“我不断醒来，”他说。

“听起来你一直在做梦，”我说。

“那我猜我确实一直在做梦，”他说。

检查了所有的陷阱之后，我们一共抓到大约六条小鱼，这不算太多。我们把椅子支在码头边缘，把渔线扔进水里，让阳光晒干我们的短裤。

如果钓到大鱼，我们有时候会卖掉。大多数时间我们吃自己捕的鱼，以此为生。鱼是瘦肉，对你的骨头也很好。如果吉姆和我不抽烟不喝酒，我们可能是地球上最健康的两个人。

“那是火吗？”我说。

“是什么？”

我看不见吉姆的眼睛，因为他戴着一副硕大的旧太阳镜。

“你的梦。”

“什么梦？”

“不要和我捣乱，吉姆。我就是问问。”

“好吧，是的，”他说，“我确实梦到火了。”

“不是吧，”我说。

“你怎么猜到的？”

“运气而已，”我说。

“过去这几天都是黑色的，”他指着森林说道。

我只是想到了那些骨头。

下午吉姆喜欢在树林里散步，用手枪射击。他在那里可能会捉到一两只兔子，但我们俩不会管这个叫打猎。我喜欢想象吉姆散步的样子，想象他以非常私密的方式独自享乐，但我从不会试图去陪他。我通常会生一堆火，或者守着渔线坐在河边，或者坐在树荫里削木头，如果我完全没什么精神的话。

那一天，我从垃圾堆里挖出了那些鱼骨头。我运气很好，前一天晚上我们在那里铺了一些硬纸板，这样就把那天早上的鱼骨头和上个月的隔了开来。我在硬纸板的缝隙和角落里找到一些看似新鲜的鱼骨头，另外还有一些嵌在一堆腐烂的垃圾里。

二三十分钟的辛勤劳动之后，我终于在盘子里收集到了和原来差不多分量的鱼骨头。你可以看得出它们足够新鲜，因为它们还没变灰。我小心翼翼，轻轻擦去污垢，吹走灰尘。

我把它们放回盘子里，摇了一摇。盘子里完全没有看起来像火的东西，也许反而有点像某种动物。中间和脚的地方遗失了些骨头，但这玩意儿有长长的耳朵，用后腿站立，所以我猜自己看到的是只兔子。

“好吧，”我说，除了我自己没人能听见我说话。

我又摇了摇盘子，结果还是一样。

“该死的，”我说。

我听见吉姆又开了一枪，我数了一下，那是他离开后开的第六枪，所以他很快就会走回来，回到我身边。我把骨头倒入牛仔短裤的口袋里，一直推到底。

那天晚上，我们把吉姆打来的兔子煮了吃，我一直在考虑到底应该告诉他多少真相。

“你相信魔法吗？”我说。

“我可不这么觉得，”他说，一边用一根破旧的树枝戳着木炭。

“但是你不确定，”我说。

“我是不确定，”他说，“但这不能说明什么。”

那天晚上很舒服，所以我们铺开睡袋，在火堆旁睡觉。有风吹过的时候，你可以在树枝间看见一些星星。

我醒来的时候天还黑着。我不知道自己睡了多久，但我一点也不疲惫。我卷起自己的睡袋，在木炭旁支了张椅子，等待一切慢慢暖和起来。

吉姆在火的另一边，所以我看不太清他的脸，但根据他发出的声音，我知道他还在睡觉。我从口袋里小心取出骨头，放在掌心。我吹了吹火，生起了一点火苗。我从背包里拿出盘子，轻轻把骨头放进去。这一次，我看见的是一张脸。根据头发的形状和脸颊的角度，我能看出那是我的脸。我保持安静，试图屏住呼吸，但一想到吉姆正在想我，正在做和我有关的梦，我就忍不住有点哽咽。

那天下午吉姆在树林里闲逛，而我则在查看骨头。这一次没有兔子，没有人脸。只有一座小屋，一层楼。屋顶完全不成样子，也许是因为遗失了几块骨头。我又在垃圾堆里搜寻了一会儿，但没有找到任何新鲜的骨头。在卡车副驾驶的储物箱里，我们放了一本杂志和一支笔，我把它们翻出来，试图在一张香水广告上把房子画出来。我不是艺术家，但我觉得自己捕捉到了要点。

第二天早晨，我起得更早。我甚至没顾及吃早餐，因为我想到的第一件事就是去查看骨头，而第二件事情就是弄明白它们要告诉我什么。

那天上午它们展示了一只空钩子。那天的陷阱里都是空的，吉姆看起来特别失望。我坐在河岸上，在杂志里的一篇文章上画鱼钩。

“我受够了这些，”他说，他站在河里，河水越过了他的大腿。“我想就是今天了。”

“我知道，”我说。

“看吧，”他说，“毫无价值教堂的江河先知（the river prophet of the Church of No Worth whatsoever）。”他把一个陷阱从锚上扯下，朝我扔过来，但风把它吹偏了。

我再也睡不着了。我就等着吉姆入睡，那样我就可以查看骨头，了解接下来会发生什么。当时肯定是凌晨 2 点或者 3 点，我在小火堆的火光下查看骨头，然后发现一根阴茎正盯着我看。

除非我们俩大吵大闹一通吉姆才肯去查看陷阱，因此我放弃了。他散步的时间越来越长。他开枪射击，带回来一只一只又一只兔子。

“吉姆，”我说，举起一只充满肌肉的腿。

“约翰，”他说。

我笑了，这样他就能明白我听懂他的笑话了。

“我得告诉你件事儿，”我说。

他没说话。

“我知道你最近在做哪些梦。”

“我知道，”他说，“一团火。”

但他不是认真的。

“我是认真的，”我说。

“我知道，”他说，这一次稍微认真了一点。

我从口袋里抽出杂志，没有打开递给了他。

“你自己看吧，”我说。

他一开始不想看，只是把杂志放在脚边。

“吉姆，”我说。

他开了罐啤酒，因为现在是早餐时间，而我们的生活非常轻松。他提起杂志，但没有打开。他研究了封面上一半的内容，但没有看我在内页里记录的东西。

“你看——”他一边说，一边把杂志放回原地，继续喝啤酒。

“不，”我说，“你看吧。”

他点了点头。太阳出来了，把我们周围的一切都染成了蓝色，带来一种忧伤而激动的基调。

“我知道你感到害怕，”我说。

“我当然害怕，”他说。

“我知道地球正在燃烧，一切只剩下一点点。”

他没说话。

“我知道道路很短，森林很深。”

“我知道每一条河流最终会淹没在盐里。”

他看着我，终于开始听我说话。

“我知道你和我在我们的一生中都在奔向彼此。”

我从背包里取出盘子，把骨头放在盘子里，摇了摇。在过去这几个星期里，它们第一次显得一团混乱，完全看不出形状。

“你很困惑，”我说，“你不知道对我告诉你的一切应该做何反应。”

吉姆夸张地大叹了一口气，然后陷入椅子里。他用帽子不停上下搓着前额，然后把帽子重新放回脑后。

“我不觉得事情是这样的，”他说，“我觉得我只是厌倦了兔子。而且我觉得你应该睡会儿觉。”

他从椅子上滑了下来，双腿跪地。

“而且我觉得很无聊，”他说，“你跟我说这里适合捕鱼。”

他往前移了移，然后拉开拉链。他把阴茎拔了出来，那正是骨头之前展示给我看的阴茎，完完全全一模一样。他开始撸阴茎，最后射在火里，火堆发出“嗞嗞”的声响，但火势并没有减弱。然后吉姆站起身，走向河边。我不知道是应该跟着他，还是应该查看火堆里剩下的东西以寻求迹象。万物都有声音，如果你知道该怎么去聆听的话。

然后一道微小的阴影掠过水面，于是我便有了决定。我跟着吉姆到河边，我查看无边的蓝天，以及像堡垒一般围绕着我们的森林。吉姆在查看陷阱。

第一个激浪汽水瓶子里一无所有，但在百事可乐的瓶子里有一条滑口鱼。他把鱼挂在腰间的绳子上，然后继续往前走。我只是一边看着他，一边数着从河对岸森林里一一走出来的人群。他们全都一身绿，拿着步枪，顶着头盔，就像是军队里的人。他们看起来疲惫不堪。吉姆似乎没有注意到他们。他的皮带上有一把手枪，嘴里一直在低声咒骂。第二个百事可乐瓶子里又有两条滑口鱼，第四条在皇冠可乐瓶子里。他可能非常激动，吉姆，因为想到刚才火边的仪式真的为我们带来了好运。我不得不坐下，因为我终于意识到那团混乱的骨头意味着什么。泥泞的河水拍打着吉姆，也拍打着我面前的河岸。河水另一边的人们看见了吉姆，但他却没有看到他们。现在我正在照看他，不管他愿不愿意承认。我举起强大的双臂，命令世界停止。◆

美景加美味 大阪的早餐

塔马拉·肖品辛
（TAMARA. SHOPSIN）

7:15

准备早餐

昭和时代咖啡

得州吐司
(SHOKUPAN)
配果酱

酸奶

沙拉

大阪企业家博物馆

10:00

江崎利一

（格力高品牌创始人）

把牡蛎提取物加入糖果内，以改善儿童健康；把小型玩具藏在盒子里。

“吃一块跑300米*”

*一盒6000米

安藤百福

方便面之父。

8:20

地铁

早川德次

（夏普公司创办人）

发明了不需要洞的搭扣，然后创造了“永远尖锐的”铅笔（也就是自动铅笔）。

他的公司现在就叫“夏普”（英文为SHARP，意思是尖锐）。

9:00

比一顿早餐套餐还贵的柑橘（DEKOPON）

疲惫的轮胎推销员

9:30

最好的稻荷寿司来自哪里???

11:00

国立文乐剧场

人偶剧剧情解析

10:30